クリエイターのための

「スペースインベーダー」から
「ポケモンGO」まで

中村一朗＋小林亜希彦

言視舎

はじめに

中村一朗

本書は、TVゲームの歴史について考察したものです。

70年代から今日に至るまでのさまざまなアーケード筐体やコンシューマー機、さらにはスマホ等に関わる一連のゲームハードの興亡史を、サブカルチャーの視点からといてみました。流行りすたりの目まぐるしい、ビジュアルアミューズメントの近代史を踏まえながら。

かつては不良のたまり場だったゲームセンター。その一角にデジタル仕掛けのゲーム機が置かれた時から、新しい玩具の歴史が始まりました。そしてこの電子玩具は姿かたちを変えながら、やがて家庭に浸透し、社会全体に広がって、わずか十数年のうちに1兆円を遥かに超える一大産業へと発展していきます。

現在では、子どもから大人まで、容赦なくその心に光と影を落とすメディアにまで進化したゲーム文化。これを築き上げてきたのは、この業界に携わってきた多くのエンジニアや営業スタッフの尽力と、膨大な数のユーザーたちの熱い思いでした。だから、本書のタイトルにある〝クリエイター〟とは、単にTVゲームの開発スタッフを指す言葉ではありません。デジタルゲーム業界を作り上げてきたすべての方々を意味しています。

サブカルチャー分野においては、ユーザーとメーカーの差は紙一重。デジタルゲームに限らず、アニメやコミックなどの消費者が、ある日突然、造り手になってしまうことが当たり前だったりします。そして、そんな〝クリエイター〟たちがこだわる〝ゲーム性〟とは何であったのか。それが、現在ではどのように姿を変えてしまったのか、さらには将来的にどのように新しい姿に変わっていくのかを、テーマとして追求してみた書籍です。やや大袈裟に言えば、ガラパゴス化してしまった日本のデジタルゲームの本質である〝ゲーム性〟を探るためのアイテムとして記したつもりです。すなわち、過去と未来の〝ゲーム性〟について。

そんなテーマ性なものですから、第1章から第4章までの比較的古い歴史を、その時代の体現者である私こと中村一朗が担当します。そして第5章から第7章を、今なお最前線でソフト開発に携わっている小林亜希彦が担当します。両者による多少の内容的な重複はご容赦を。また、若干の主観的相違による見解についても、温かい目で、ご容赦を。

それではそろそろ、本編へ!

目次

第1章　TVゲーム業界の黎明史

1　1982年の群雄割拠

スペースインベーダーゲームやゲームウオッチブームの後。

１９８２年6月の「東京おもちゃショー」は、大きな節目になった。ある意味では日本のサブカルチャーが、本格的な商品化にシフトする元年であったのかもしれない。まだ電子ゲーム業界などなかった時代のこのイベントは、とても象徴的な出来事になった。

その主役は、海外からやって来た二隻の黒船だった。

▼二隻の黒船と、迎え撃つ日本のメーカー

まずは、老舗のアタリ社。全米の家庭用ゲーム市場を築き上げてきたゲームハード「**アタリ2600**」が、大々的に日本の玩具市場に進出してきた。これは、77年に発売されてメガヒットしたロムカセット型の家庭用ＴＶゲーム機。後にサードパーティのソフトハウス軍団を従えて一大ＴＶゲーム帝国を築き上げた旗艦である。ちなみにアタリ社は世界で最初のアーケード用ビデオゲーム「ポン！」を１９７２年に送り出した会社でもある。

そしてもう一隻の黒船は、フィリップス社の最新鋭機「**オデッセイⅡ**」。フィリップス社も、アメリカの家庭用ゲーム機市場を担う古参メーカーだ。

この時はまだ、日本には家庭用ゲーム機の市場などという規模のマーケットは存在しない。アメリカ市場で伸び悩む黒船軍団は、まだ未開ながら大きな可能性を秘める新しい日本の玩具市場に目をつけた。

このころの日本は好景気の追い風を受けて走り出したばかり。

日本製の自動車や家電製品が価格と品質で海外から高い評価を受け、日本のモノづくりブランドが確立しだした頃だった。子どもたちの小遣いや学生たちのバイト料が跳ね上がりだした時でもある。しかも、「スペースインベーダー」を後継する「ドンキーコング」や「パックマン」などの日本製アーケードゲームのヒット作を次々に海外に送り出していた。家庭にTVゲーム機が受け入れられる兆しは大いにあった。20万円以上していたホビー用のパソコン（当時はマイコンとも呼ばれていました）も着実にシェアを伸ばしていたが、その用途の中心にあったのはゲーム機としてのものであった。

この黒船襲来を迎え撃つように、日本の大手玩具メーカーもそれなりの防衛網を展開した。その筆頭は、「人生ゲーム」などのボードゲームで知られたエポック社。アタリを黒船に例えるなら、恐らくエポック社が徳川幕府である。

エポック社はこの前年度から発売していた「**カセットビジョン**」を主砲に据えた。以前からアタリ社と提携して「アタリ２６００」を国内販売しており、「カセットビジョン」はそのノウハウを生かしてNECと共同開発した日本初のカセット型ゲームハードだった。４ビットCPUを搭載した玩具で、比較的低価格の１万３５００円。この時代の家庭にあっては、クリスマス商戦なら子どもが十分におねだりできる価格帯だ。ちなみに4ビットCPUは当時の自動車用制御コンピュータと同程度。

高額パソコン並みの16ビットCPUを組み込んだゲーム機も、この82年から登場した。前年度頃から突然始まったガンプラ人気で勢いに乗るバンダイからは「**インテレビジョン**」（実質的なメーカーはマテル）、古参の大手玩具メーカーだったタカラからはパソコン色の強いＴＶゲーム機の「**ゲームパソコンＭ５**」（ソードと提携）。トミーは「**ぴゅう太**」を前面に押し出して大々的なキャンペーンを展開した。エポック社が徳川幕府なら、彼らはさしずめ攘夷思想を掲げる過激な有力大名といったところだ。

〝東京おもちゃショー〟という合戦の場で、彼らは一堂に集うことになった。

加熱し始めた経済の急成長にともない、夏のボーナス商戦に**ＴＶゲーム機という日米の新しい夢のアイテムが玩具業界に殴り込みをかける、**…なんていう図式だったのだ。

▼日本メーカーの手ごたえとアタリショック

当時は取材でその場にいた私の記憶をたどれば、82年の〝東京おもちゃショー〟では、「アタリ２６００」のブースでのソフトラインナップの量は圧倒的だった。ブースの壁一面を縦横に埋め尽くすモニター群には、様々なゲーム画面がうごめいていた。

確かにインパクトは強烈だった。しかしその一方、よく見るとビジュアル的な見劣りも隠しようがなかった。極端な例で恐縮だが、まるでマッチ棒そっくりのキャラクターがぎこちなく壁を昇っていくような類のものまでゲームソフトとして売られていた。ドット絵で表現されるキャラクターたちの動きは、想像を絶するほどに首をかしげたくなるものが多かった。少し前のブームの、「ゲーム＆ウォッチ」程度のものもあった。

しかも、ハードは5万円以上で、ソフトも1万円以上という高価。アメリカ国内の販売価格をベースにしていた都合だったのだろうが、１ドルが円換算で今の倍以上に高かったのだから仕方がないとは思うが。

決してひいき目ではない。だが、なまじ、ひとつのイベントで一堂に会していただけに、海外ソフトは量的には多くても、日本製ゲームソフトとの質的な差は一目同然だった。

黒船、特に旗艦のはずだった「アタリ２６００」

はソフトの数に頼る張子の虎で、日本メーカーによるものの引き立て役になってしまった。

また当時のビデオゲームにおいて、王道はアーケードにあった。

ＴＶゲームなどはまがい物の気休めアイテムに過ぎず、**面白いゲームはアーケード、という認識が当時のゲームユーザーたちにはあった。**

それでも結局、玩具としての国産ＴＶゲームは年末にかけてそれなりに売れた。翌年以降には新たな玩具市場の分野になり得るという確信をそれぞれのメーカーに抱かせた。

失速していったのは、ブランド頼りの高額黒船軍団だった。彼らがこの失敗を糧にして以後の戦略を練り直すことになったかどうかについては定かではない。それどころではない激震が、アメリカの家庭用ＴＶゲーム業界を襲ったからだ。

この頃、アタリ社が築き上げた市場規模は約20億ドル。それが、この後わずか2年足らずの間に1億ドルまで凋落してしまう。粗製乱造されたソフトに愛想をつかしたユーザーたちが、突然離れていったためだったという。アメリカンドリームを象徴するようなサクセスストーリーは悪夢に変わった。後に**〝アタリショック〟**という用語で呼ばれることになったこのＴＶゲーム恐慌は、アメリカ市場を壊滅的な状況にまで追い込んでいった。

思えば皮肉な話である。アタリ社に対抗するように日本メーカーのＴＶゲーム機開発は始まったが、最強のゲームハードが真っ先に失速してしまったのだ。

やや大袈裟に言えばこれは、黒船と幕府の駆け引きから始まった日本の維新革命の姿に似ている。日本の鎖国を破ってどの国よりも早く修好通商条約を結んだアメリカは、南北戦争の勃発によって日本との交易どころではなくなってしまった。内乱の鎮圧を最優先しなければならなくなったのだ。将来の家庭用ＴＶゲーム市場の姿が見えないまま、ライバルが消えた戦場で、武将たちは覇権を争うことになった。

そしてこの内乱は、やがて誰の予測も覆して、意外な覇権争いに展開していく。

2 その直前、水面下の動き……

将来像の不明な家庭用ゲーム機とは異なり、アーケードゲームは進化を続けていた。

かつては不良のたまり場だったゲームセンター。そこに変革をもたらした伝説的なビデオゲーム「**スペースインベーダー**」の登場は1978年だった。製造元は、タイトー。

人知れず始まったその侵略は、日本中のアーケードへ、そして瞬く間に喫茶店へと広がった。新しいゲームセンターが、目ざといの企業家たちの手で各地に次々と開店されていった。なにしろ、1台のインベーダー筐体を置いておくだけで、1日に5万円を稼ぎ出してしまう。矢継ぎ早にコインボックスにお金がたまるために100円玉の回収が間に合わず、次のプレイが出来なくなることさえ起きた。最盛期には1日で4億円相当、つまりは400万枚の100円玉が筐体に蓄積された。日本国内の100円玉の流通が滞ってしまい、一時は社会問題にまでなってしまった。

この侵略は日本国内にとどまらず、海外にまで進撃していったことは言うまでもない。

ゲーム筐体はまさに貯金箱、というよりも神がかったヒットで賽銭箱のようだった。

とにかく、圧倒的に面白かった。

「スペースインベーダー」の登場後に、類似したゲームがいくつかもリリースされた。どれも、それなりにヒットを記録した。パチンコとは異なり、勝っても何の景品も得られないにもかかわらず、学生やサラリーマンたちは昼飯代さえつぎ込んでこのブームに乗った。100万円を超えるコインをみつぐユーザーまで現れたほどだった。アーケードのビデオゲーム自体は、以前から存在していた。「ブロック崩し」や「テーブルテニス」などもそれなりに面白かったが、中毒症状のような金の使い方にはならなかった。

一般に、「スペースインベーダー」ブームは1年ほどで終息したと言われている。表面的にはそうかもしれない。終焉期には多くの金儲け目当ての新興ゲームセンターは閉店し、残ったゲームセンターやゲーム喫茶も人の流れは薄らいだ。

確かに「スペースインベーダー」ブームは去った。しかしその遺産として、**電子ゲーム産業の次世代を築くに足る状況**が残された。

▼「スペースインベーダー」の残したもの

まずは、ゲームセンターのリニュアル。

時間つぶしの消極的な場に過ぎなかったゲームセンターに、新たな積極的ユーザー層として学生や若年層のサラリーマンが定着したこと。ゲーム好きの彼らの希求に答えて、ブームの終了後もメーカーは面白いゲームを提供し続けた。79年のナムコの「ギャラクシアン」や「パックマン」は大ヒット。〝インベーダーまがい〟の「スペースフィーバー」で新たにアーケードに参入した任天堂は「ドンキーコング」でヒットを飛ばした。

後のアーケードに改革をもたらすセガは、戦後に進駐軍向けのジュークボックス販売から躍進していった会社。〝インベーダー〟ブームに乗ってアーケード筐体の卸売りから積極的に新機開発に参画するようになり、それまでのビデオゲームとは異なるインターフェイスの研究開発に努めた。つまりは、体感ゲーム機の可能性の追求に舵を切った。無論同時に、オリジナルブランドのアーケードゲーム機を提供しつつ。

79年から80年代前半にかけて、**アーケードはゲームメーカーの実験場**であった。新しいアミューズメントシステムが、どうすればファンに受け入れられるかを問う場だった。

メーカーはここで存分に、まだ生まれて間もないビデオゲームのヒット作を生み出すためのノウハウを蓄積できた。また同時に、十分な資金も獲得することができた。この資金がやがて、家庭用ゲーム業界という新しい産業を生み出すことになっていく。もっとも、この時点ではまだ誰もそんな未来が招来されるとは思ってはいなかったはずである。

ブームの終焉と共に不要になった大量の「スペースインベーダー」筐体は、低価格で中古業者に払い下げられた。そしてそれらの行きついた先は、子どもたちの集う街角のたまり場だった。つまり、駄菓子屋だったり、玩具店だったり、時には文房具屋の軒先だったりして。1回100円だったプレイ料金は、50円へ、更には10円へとディスカウントされていった。大喜びしたのは「スペースインベーダー」を、指をくわえてみていた子どもたちだ。当時のマスコミなどではほとんど報じられなかった、場末の街角ゲームセンターの誕生である。あの頃は子ども同士でゲームセンターに行くことはどこの学校で禁じられていたし、一回100円もするTVゲームなど、家族で遊園地にでも行かなければプレイできなかった。貧しくも好奇心旺盛な子どもたちは79年以降になってようやく、「スペースインベーダー」筐体に群がることができた。そしてこの街角ゲーセンは、「ギャラクシアン」や「パックマン」、「ドンキーコング」などへとラインナップを広げていく。

大人以上にしつこい子どもたちのおかげで、この流れは80年代前半まで続いた。

アーケードの名作になけなしのお小遣いを投入して仲間と競う子どもたちのスキルと審美眼は、否応なしに磨かれていった。**後に、現在の40歳以降のゲームクリエイターになっていく者たちの多くが、この街角ゲーセンの洗礼を受けた。**

街角ゲーセンが新しいユーザーが育つ土壌を作り、次世代を担う目のこえたゲームファンやゲームクリエイターたちを育てた。これが、二つ目の大きな遺産となる。もし仮に、日本でもアメリカのように、家庭用ゲーム機が先に普及して目新しいだけの安易なゲームソフトが手軽に入手できる状況があったのなら、一過性のブームの終焉と共に家庭用ゲーム機はおもちゃの墓場に葬られていたかもしれない。

▼〝ゲーム性〟の黎明

日本のアーケード用ゲーム機は海外でも高い評価を受け、その殆どが「アタリ２６００」などのソフトとして移植販売された。それなりにはヒットしたが、新しいブームを引き起こすまでには至らなかった。悪い言い方をすれば、所詮はアーケードの劣化コピーだった。

新しいゲーム世代が集うアーケード。

そこは、単にビジュアル的に優れたビデオゲームを見るためのところではなかった。

ユーザーはきらびやかなモニターに夢をたくすのではない。モニターの映像はむしろ、ゲームフィールドという異世界に入っていくためのゲートのような存在に過ぎないのだ。

アクション系ビデオゲームのインターフェイスは、ユーザーの目というよりは指先にこそ宿った。移動レバーと決定・発射ボタンを夢中で操作することでゲーム世界と接触する。この操作に応えるインターフェイスの開発にこそ、ゲーム職人たちは最も心血を注いだ。**〝ゲーム性〟**という抽象的な表現で示される理想。これにより、ユーザーたちはその世界の向こう側に熱い思いを飛ばすことが出来た。

この時代、ヒット作となったビデオゲームは確実に、ビジュアルメディア面よりも直接手に取る接触メディア的側面に重きを置いていたのだ。

3 電子ゲーム周辺のサブカルチャー事情

▼SFの興隆

話は少し、時をさかのぼる。

アメリカにおける77年は娯楽産業の変革期であった。

「アタリ2600」が大ヒットしたこの年、それまでは日陰者扱いのジャンルだったSF映画がメガヒットの王道を走り出した。21世紀の現在も続く〝スターウォーズ〟シリーズの一作目と「未知との遭遇」の超大作SF映画の公開を皮切りに、79年の「スタートレック」「エイリアン」へとビッグヒットシリーズを展開していった。同じころ冒険映画においても〝インディジョーンズ〟シリーズ等が始まっている。矢継ぎ早に連続するアクションシーンに観客が翻弄される〝ジェットコースタームービー〟という新手のブームがもてはやされていた。

80年代に入ると大作SF映画は玉石混交になりながらさらに増産されていった。またSF小説のジャンルでもサイバーパンクという新しい流れが生まれた。コンピュータ・ネットワークの中の電脳世界を舞台にしたこのジャンルは、長年の停滞期を打ち砕いたといわれてた（もっともこれはSFマニアたちにとってのヌーベルバーグ。サイバーパンクが映像化されて一般の映画ファンに受け入れられるようになるまではさらに十数年の歳月がかかるのだが）。

▼パソコンの普及

ホビー用パソコン（当時はマイコンとも呼ばれていた）が本格的に普及し始め、オフィスにも導入され始めた。コンピュータソフトとTVゲームを混同するという、恐ろしい誤解が世間に蔓延していたのもこの頃だ。「スペースインベーダー」がコンピュータゲームだと思っていた大人は大勢いた。厳密には間違いとは言えないが、ソフトとハードの組み合わせの開発結果がTVゲームを形作る。どれほど「スペースインベーダー」をプレイしてみても、ゲームがうまくなるだけでコンピュータの理解につながるはずがなかった。しかしこの誤解の流れを逆手にとって、玩具メーカーはパソコンのふりをしたTVゲーム機を積極的に売り込もうと戦略をたてたりした。さらに恐ろしいことに、これが功を奏して、TVゲームやパソコンに無知な大人たちはまんまとこの戦略に載せられてしまう。そんな大人をうまく躍らせたのは、メーカーというよりは子どもたちだったけど。「これからの勉強には、コンピュータだよ！」とか言っちゃって。

▼表舞台に踊り出たホラー

ホラージャンルの変革はSFよりも少しさかのぼる。

71年に出版された小説「エクソシスト」の映画化により、オカルト（神秘主義）ブームがアメリカで勃発。これが落ち着いた頃、スティーブン・キングの小説「キャリー」が大ヒット。それまではSF以上に日陰者ジャンルだったホラーが〝モダンホラー〟と名を変えてブレイクしていく。ちなみに、古典ミステリーやホラーのパイオニアだったエドガー・アラン・ポウの作品が世界的評価を受けるのは、彼がニューヨークの裏町で泥酔して凍死したずっと後のことだった。今もなお多くの作家たちの手で継続しているクトゥルー神話シリーズを世に送り出したホラー作家のW・P・ラヴクラフトは、貧困のどん底で飢え死に同様の孤独な死を遂げていた。それゆえホラー作家になれば飢え死にを覚悟しろ、というジンクスがあったという。デビュー当時のS・キングの担当エージェントは、そんな理由から家族思いのキングの将来に責任を感じていたらしい。現在によみがえった吸血鬼の物語（「呪われた町」）や、山奥のホテルで起こるひと冬の恐怖談（「シャイニング」）などを書き続ける彼の将来を心配したが、幸い杞憂に終わった。

ジンクスは完全に覆された。70年代の終わりごろは、むしろ逆に作家としてデビューするなら、ホラーが良いとさえいわれるようになっていった。ディーン・R・クーンツのようにSF作家からホラー作家に転身する者たちも現れた。余談だが、S・キングもSF作家志望だった。後に〝リチャード・バックマン〟のペンネームでSF小説を出版している。すぐにキングであることが発覚して、一応は売れたみたいだけど……。

とにかく小説や映画でホラーものが目白押しで檜

舞台にあがっていった。「キャリー」の最初の映画化は76年。このころにはスプラッター（血みどろ）ムービーがブームとなっていて、かつては〝まとも〟な映画ファンから忌み嫌われていた作品がドル箱ジャンルに生まれ変わっていった。この傾向はさらにゾンビ（海外では〝the dead〟）映画の登場によって拍車がかかっていく。78年の「ゾンビ（原題：day of the dead）」はその状況を決定的なものにするメガヒットとなった。

▼1980年前後の日本のオタク文化

そして日本では劇場版「宇宙戦艦ヤマト」が大ヒット。翌78年の続編では前作を上回るヒットを記録した。気の早いマスコミは〝空前のアニメブーム〟などと評したが、これは世間一般の大きな勘違い。〝ヤマト〟のおかげでアニメーションという映像表現は市民権を得たが、まだまだ子ども向けのジャンルの位置づけだった。後に名作とされるNHKアニメ「未来少年コナン」や、ロボットアニメに革命をもたらした「機動戦士ガンダム」は、一般からは話題にもされずに低視聴率にあえいだ。また79年の年末に公開された宮崎駿監督の初長編作品「ルパン三世・カリオストロの城」は観客動員数が思わしくなかったために早々と公開を打ち切られてしまった。これらの作品は数年後にブレイクし、80年代の本格的なアニメブームを生み出すことになるのだが、アニメオタク文化未開の当時はまだ、一部の好事家からの絶賛にとどまっていた。日本のアニメブームの黎明期は、「エクソシスト」のメガヒットから数年が過ぎてから本格的なホラー全盛の時代が到来するアメリカの事情と似ていた。

また、アメリカとは異なる大きな躍進を遂げていったのは、日本の漫画文化。

戦後の貸本漫画の時代から始まって、月刊漫画誌の全盛期から、週刊誌へ。日本の復興と高度成長期と共に、幼いころから漫画に接していた少年少女たちは、成長してもそれらを手放さずにコミック誌を買い続けていた。小学校から中学高校へ、果ては大学生や社会人になって。それでも60年代から漫画を読み続けた世代たちは読者として、あるいは作り手として市場を大きく成長させていく。必然、作品内容も少年向きから青年、さらには中年世代向けやアダルト系の漫画も数多くラインナップされるようになっていった。各少年週刊誌は百万、二百万と発行部数を増やしていき、80年代に入ると少年ジャンプはついに３００万部を突破し、その勢いを衰わすことなく90年代の６００万部超に至るまで発展を続けることになる。

一方、かつては恋愛至上主義だった少女漫画も、いつのまにか質・量ともに進化をとげていた。その豊かな感性の土壌には、様々な花々が咲き乱れた。ドタバタコメディのお楽しみ分野も存分に残しつつ、単なる人間ドラマにとどまらない歴史の闇や宇宙の深淵などをテーマとする重厚な作品群を次々に生み出していった。少女漫画文化の一翼を支える文学少女（あるいは少年）たちはやがてそれらの作品群の勉強会をするようになる。その同人誌の即売会が、現在の〝コミケ（コミックマーケット）〟の前身である。

80年代に入ると本格的にブレイクしたアニメの洗礼を受け、コミケはさまざまなキャラクターたちのコスプレ広場的な色合いを呈してくる。その姿は、60年代から始まるアメリカのＳＦフェスティバルに似ていた。もっとも日本のＳＦ関係者によるフェスティバル（大会）はアメリカとは真逆で、さまざまなＳＦ考証をテーマにした学会のように難解な講演会が中心だった。少なくとも、80年代までは。

80年代前半は、サブカルチャーのあらゆるジャンルや素材が混とんとして混ざり合い、未来への夢というよりは不安が、**〝オタク文化〟**という新しい流れを築いていく。

ＩＣチップを取り込んだ電子ゲーム文化は、この分岐点から始まった。

4 1983年、夏。ファミコンの登場！

80年代前半は、日本にとって最も発展の著しい時代だった。

激動の70年代を乗り切った製造業を中心に、日本経済は活況を呈していた。続伸している円高傾向に抗して、自動車や家電製品は低価格高品質の日本ブランドとして幅広い信頼を海外から獲得していった。やがてこの勢いは同盟国のアメリカから反感を買い、日米貿易戦争という言葉に象徴される険悪な関係に発展してしまうのだが、それは本格的なバブル経済が始まるころの、もう少し先の話……。

83年は好景気に支えられて、玩具市場も好調を博した。

家庭にはビデオデッキが加速度的に普及し始め、ゲームセンターに代わってレンタルビデオ店が続々とオープンしていた。バンダイが日本初のＯＶＡ（オリジナルビデオアニメ）の『ダロス』をリリースしたのもこの年だった。余談だが、この頃のレンタルビデオの標準的な代金は、１泊２日で９８０円。録画用ビデオテープの価格は１本が２５００円程度。セルビデオ作品などは、１万５０００円から２万円もした。

▼続々と参戦するゲームハード

ビジュアルとサウンドが玩具のあり方を変える。そんな認識が83年6月の〝東京おもちゃショー〟には渦巻いていた。今思い返してみると、後の〝東京ゲームショー〟によく似た雰囲気はこの時から始まったような気がする。夏のボーナス商戦を当て込んだこの時の〝おもちゃショー〟は、正にハイテク玩具の一大見本市になっていた。

爆発的なガンプラ人気とキャラクターグッズの販売で絶好調だったバンダイは、まだゲームセンターでもあまり見かけなかった3ＤＣＧのゲームハード「**光速船**」を展開。ベクトルスキャン方式によるワイヤーフレームのキャラクターは、白黒プレイ画面ながら画期的なものに見えた。家庭用にも業務用にもなる据置型ハードで、価格は5万9800円。前年度に発売してヒット商品になった「インテレビジョン」が4万9800円だったから、目新しさもあってそれより高めに設定したのだと思う。

SC-3000（セガ）

アーケードの仕掛け人として盤石の基盤を築きつつあったセガも、家庭用ゲーム機市場への参入を決意。「**SG-1000**」と「**SC-3000**」の2機種を投入した。廉価版パソコンと同様の8ビットCPUを搭載。〝SG〟はセガゲームの略、〝SC〟はセガコンピュータであった。前者はゲーム専用機で1万4800円、後者は廉価版のホビーパソコンで2万9800円。発売は、「光速船」と同じく直近の7月だった。

本国での失速から挽回を図りたい海外勢は、アタリとフィリップスに加えてコモドール社も「**マックスマシン**」を持ち込んで参戦した。アタリ社は日本に新しく現地法人を立ち上げて積極的なキャンペーンを展開していた。しかし基本的には、黒船軍団の戦略は大幅な値下げ作戦だった。それでも1ドルが200円以上していた当時では、外国勢は明らかに不利だった。また、アメリカでの突然のゲーム不況が始まってから半年程度では、革命的なソフトのリリースなどできるはずもなく、年末にかけてますます日本メーカーの勢いに飲み込まれていくことになる。

どちらかと言えば勝ち組のエポック社など旧日本玩具メーカー勢力は、高額商品「**スーパーカセットビジョン**」と廉価版ハードの「**カセットビジョンJr.**」を投入する。しかし、前年度とあまり変わり映えのしない商品展開に落ち着いていた。TVゲーム機は一過性のブームから安定した状況へとシフトした、と考えたのかもしれない。

そして、この年の本命として最もマスコミが注目したのが、ソフト規格の統一を目指すMSX構想のハード機だった。提唱者は、マイクロソフト社と提携したアスキー。ホビー用パソコン開発に乗り遅れた松下、ソニー、三菱などの大手家電会社を巻き込んで、廉価版パソコンの統一規格を提唱したものだった。当然、ハードマシンとなるパソコンは、各メーカーがそれぞれの商品を送り出すことになる。価格は、だいたい6万円前後。ちなみに、当時のホビー用パソコンは20万円前後である。パソコンの皮をかぶったゲームマシンのような玩具とは異なる、価格の割には比較にならない高性能なパソコンが登場した。玩具メーカーとは比較にならない資本力を持つ家電メーカーがいよいよゲーム分野を梃にしてパソコン市場に本腰を入れる、と大々的なPRが行なわれたのだ。発売開始は、7月を予定していた。

やがて最後に、従来の国産家庭用ゲームハードのラインナップに、任天堂の「**ファミリーコンピュータ**」が加わることになった。七月発売で、価格はハードが1万4800円。ソフトは5000円。消費税などなかった当時はハードにソフト一本をセットで買って、2万円でおつりがくる勘定だった。

▼目立たなかった「ファミリーコンピュータ」

少なくとも6月の〝東京おもちゃショー〟において、私の記憶によれば、任天堂「ファミコン」の展示ブースにはキーボードが置かれていたと思う。だが、実際には7月の発売開始からしばらくの間、なぜかキーボードのオプション設定は外されていた。

当時ＴＶゲーム機は玩具としては高額商品であるため、メーカーサイドはパソコンに擬態させて販売する姿が普通だった。これは、子どもたちをだますのではなく、大人をだますための戦術だった。そのほうが、子どもたちがパソコン事情にうとい親や祖父母におねだりをしやすいからだ。しかし、なぜか任天堂はこのイメージ作戦を利用しなかった。ゲーム機としてのイメージを大切にしたかったためだとは思うが、本当の理由はわからない。同時発売されたソフトは、『ドンキーコング』『ドンキーコングJr.』『ポパイ』の３本。どれも、アーケード用ソフトからの移植作品だった。

この頃の任天堂はまだ一般にカードゲームのメーカー的なイメージが強かったが、家庭用電子ゲームへの関わりは最古参である。75年に三菱電機と共同開発した「カラーテレビゲーム６」（９８００円）と「カラーテレビゲーム15」（1万５０００円）でミリオンセラーを達成すると、その勢いで本格的に電子ゲーム市場に打って出た。『スペースインベーダー』ブームに乗ってアーケード用ソフトのメーカーとして基盤を築き、その直後のゲームウオッチ（手のひらサイズの小型液晶画面のゲーム機。一応、ゲーム機ではなくデジタル時計）ブームにもうまく乗って着実な収益を上げていった。

他のメーカーが時代に先んじて商品を投入する姿の後塵を拝し、任天堂は新世代の家庭用ゲーム機の分野に遅れて参戦することとなった。発売価格と表面的なスペックは、図らずもセガと同様のものになってしまっていた。実際には、「ファミコン」はスペック以上の高性能ゲームマシンだったのだが、当時のマスコミや私などには、その差がどれほどのものだったのかわかってはいなかった。徹底したコストダウンを課しながらも、ゲーム機としての必要十分条件は存分に満たしていた。ロムカセット側による将来的な拡張性さえ、ある程度までは視野に入れて。日進月歩の電子機器の世界にあって、それでもこの後10年間もスペック的には劣っていくハードがトップシェアを誇り続けることになるなど、誰も想像さえできなかったと思う。恐らくは、任天堂サイドさえも。

正直に告白するが、玩具マーケットの取材で〝東京おもちゃショー〟に赴いていた私は、「ファミコン」の存在などあまり気に留めなかった。報告書には「あまり売れそうにない商品」のひとつと記してしまった。だって、前年度から引き継ぐ16ビットCPU搭載のゲーム機のソフトラインナップのビジュアルに比べると、どうしても見劣りしたのだ。数多くの新作玩具の中の、ハイテク電子玩具のひとつに過ぎなかったし。加えて、この数年後にまさか私自身が、TVゲームソフトの開発に携わることになるとは、夢にも思わなかったし。

そして予告通り、83年7月の発売で戦陣の火ぶたが切って落とされる。

とはいえ、地味に、ひっそりと。

少なくともこの時はまだこれが、後にゲーム業界という1兆円産業を生み出す礎になるとは、誰も考えなかったはずである。

専門家などいない当時のマスコミの審美眼も、全くあてにならなかった。

▼淘汰されるハードたち

おもちゃショー直後のマスコミによる絶賛とは裏腹に、「光速船」は苦戦した。今も昔も、TVゲームソフトは生鮮食品と同じだ。見た目の鮮度が命で、見飽きればすぐに忘れ去られてしまう。その本質が接触メディアにあるTVゲームにとり、**見た目の先にあるもの、つまりは抽象的なゲーム性という面白さ**が理解されなければ、ただの一過性の玩具として忘れ去られても仕方がなかった。残念ながら「光速船」はそのまま失速した。

評論家たちが注目したMSX規格も伸び悩むこととなる。元々、家電メーカーはパソコンの普及に対してはまだ懐疑的な時期だった。当時はテレビとオーディオを結び付けるホームシアター戦略が始まったばかりだった。ビデオデッキの普及においても、VHSとベータ方式の規格競争が苛烈な状態にあり、メーカー同士の角逐を超えた新しいパソコン戦略には焦点を当てきれない事情もあった。早い話がMSX規格は、呉越同舟状態だった。またそれ以上に、ハードを売り込むイメージ戦略が先行しすぎてしまい、肝心のソフトについてはないがしろにされていた感が否めなかった。

任天堂もセガも決して順風満帆の出航とはならず、それなりには売れ続けるのだが少々苦戦した。

しかし最終的に明暗を分けることになったのは、やはり**ソフトラインナップの展開**である。七月にアーケード用にリリースされた『マリオブラザーズ』を、任天堂は2カ月後の9月にファミコン用ソフトとして移植した。その他にもオリジナルのパズルゲームやスポーツ系ゲームソフトをリリースしたが、あくまでイメージは、アーケードのゲームが自宅で楽しめるゲーム機、というものだった。

アーケードゲームの移植イメージにこだわった任天堂に対して、セガは逆に、オリジナルソフトで対抗せざるを得ない事情があった。

アーケードの発展に尽力するセガにとり、家庭用ゲーム機は片手間的な参戦だった。ゲームセンターをミニ遊園地化しようとするセガは、開発のための人材と資本をそちらに集中させていた。そのために、かつてヒットしたアーケードソフトの著作権をアメリカのソフト会社に売却してしまっていたのだ。

セガは本来、日本国内よりもグローバルな視野で総合アミューズメントの方向性を模索していた。そして本社であるセガ・アメリカではアーケード市場にも積極的に参戦するために、大型筐体の大規模製造工場に着手していた。古い人気作の著作権を売却したのも、恐らくそうした事情による。

しかしこの本社の戦略が裏目に出た。〝アタリショック〟の余波はアーケードにも及び、業界全体の売り上げを冷え込ませてしまった。結果、この翌年にはセガ・アメリカは40億円の負債を背負い込むことになった。

逆にこれを機に、日本サイドのセガはＣＳＫの協力を得て、親会社の映画会社パラマウントと交渉してこれを買収。84年4月、日本の企業として新たにセガエンタープライゼスが発足した。

一点突破で「ファミコン」に社運をかけた任天堂に対して、セガはそうした〝お家〟の事情で、フットワーク良く動くことが出来なかった。本来なら、任天堂以上のノウハウを持っていたはずであったのに。

結局、セガはオリジナルソフトと学習用ソフトに重きを置くことで、〝ゲームもできる廉価版パソコン〟のイメージ戦略にならざるを得なかった。これは他の玩具メーカーのスタンスと同様のもので、まあ無難な戦略の選択だったのだろう。そしてハードの売り込みに力を注ぐ結果、ゲーム機に特化したSGシリーズは〝**マークⅡ**〟〝**マークⅢ**〟へと発展していった。これらはヨーロッパではそれなりのヒットを記録していくが、日本国内では苦戦した。結局これは、エポック社が「カセットビジョン」を「スーパーカセットビジョン」に、アタリ社が「アタリ2600」を「**アタリ5200**」に発展させる過程と同じ道をたどることになる。即ち、一過性の玩具としての終焉への道だった。

しかし、「ファミコン」だけは違う道を切り開いていった。

5 苦難の道を歩む任天堂

発売から数カ月が過ぎると、「ファミコン」は頭角を現してくる。口コミでもなく、メディア戦略による売込みでもなく、いつの間にかヒット商品になっていった。

しかし、任天堂の台所事情は、決して楽ではなかったはずだ。アーケードゲームを家庭で楽しむ、とコンセプトとして主張していても、ソフトアイテムは「マリオブラザーズ」までの4本で打ち止めだった。後は「ファミコン」のオリジナルソフトとして、〝ポパイ〟や〝ドンキーコング〟などのキャラクターを使いまわして学習用ソフトやパズルゲームなどをリリースするしかなかった。他には、定番の『麻雀』や『五目ならべ』、スポーツゲームの『ゴルフ』や『テニス』など。「ファミコン」初の周辺機器として「光線銃」を発売し、玩具としての幅を広げようともした（「光線銃」シリーズの対応ソフトは3本）。

誰が見たって、一年以上売れ続けるには苦しいラインナップである。

不具合による出荷中断が起きたり、小売店の値引き販売も当たり前になった。

▼「ファミコン」の1年を導いたもの

これは憶測なのだが、「ファミコン」の継続的なヒットを導き出したものは恐らく、当時の現場の底力によるものだったのではないか。つまりは、開発グループ以上に営業グループによる地道な努力の成果だったのではないか、と思う。

いいものを作ればいつかはきっと売れる、などということは、まず、ない。

特に、ハイテク産業から生まれる最新鋭商品においては、余計に。

何がいいのかをきっちりと購入筋にアピールして、一丸となって懸命に売り込む**営業グループのチームワークがなければ、可能性に頼る商品は売れないのだ。**「ファミコン」は、他のゲーム機とは比較にならない拡張性を秘めていた。しかしそれでも8ビットCPU搭載の高額玩具に過ぎず、廉価版パソコンに化けるには無理がある。性能的な優位性を誇れるのは、せいぜい1年程度。その間に、どれだけの「ファミコン」を家庭に送り届けることができるかが勝負であった。単なるヒット商品を世に送り出すのではなく、「ファミコン」によって新たな産業基盤を構築することこそが任天堂の課題となった。〝札ゲーム屋〟などと誹謗中傷されていた中堅玩具メーカーにとっては、勝ち目の薄いギャンブルであった。

任天堂の営業部隊は、全国の問屋や販売店へ、更にはソフトハウスへと足を運んだのだろう。そして、ゲームハードとしての可能性を売り込んだ。

▼新しいメディアとしてのゲーム

予告から1年後、ようやく6月に発売した『ファミリーベーシック』などは苦し紛れの周辺機器第2弾だった。早い話が、キーボードとロムカセットがキットになった玩具である。はっきり言って、他社の玩具パソコンと比べても見劣りした。

「ファミコン」発売から1年で、任天堂がリリースしたソフトは16本。すべて任天堂の自社ブランドだった。84年の7月になると、他社からの参入ソフト、いわゆるサードパーティの手によるソフトがリリースされた。ハドソンによる『ナッツ&ミルク』である。これはパソコン用ソフトとして知られていたもので、その3日後に同じくハドソンのパソコン用ソフトの移植作『ロードランナー』をリリースして大ヒットを記録した。

同年9月、アーケードのヒット作『ギャラクシアン』がナムコの手で「ファミコン」に移植リリースされた。さらに11月になるとナムコは、『パックマン』と『ゼビウス』をリリースしてミリオン越えを記録した。特に『ゼビウス』は140万本以上というこの時点での最大のヒット作となった。これは、累計で300万台近く売れていた「ファミコン」所有者の二人に一人が買ったことになる。

これが証明した事実は、発売から1年を過ぎた「ファミコン」はおもちゃ箱の底で埃をかぶっているのではなく、高い稼働率を誇り続けているという事。そして1本5000円もするゲームソフトが140万本売れるという事は、70億円が動くということだ。しかもそれが、たった1本のソフトで。「ファミコン」本体の店頭での品薄状態がささやかれ出し、値引き販売がなくなったのはこの頃である。

1年以上を費やしてヒット商品になっていった「ファミコン」は、**玩具というジャンルを超えて、新たなメディアになり得る**。マスコミ一般にもそう予感させた。

凍河に辿る薄氷の小道を踏破して、任天堂はついに、どんなゲームよりもずっと困難だったであろうこの冒険に勝利した。苦難の道行きは、新しい業界の礎になった。

それでも新手のゲームソフトの開発には時間と投資が必要になる。たとえアーケードソフトの移植であっても例外ではない。『ロードランナー』のヒットで「ファミコン」の可能性に気づいたソフトのメーカーサイドが新規ソフト開発を決断しても、その年の年末に発売できるソフトはなかったはずである。事実、84年度のサードパーティによる「ファミコン」ソフトのリリースは2社から合わせて6本程度。一方の任天堂からは全部で22本がリリースされていた。それが翌年になると新たに16社が加わって、全部で18のサードパーティが「ファミコン」ソフト参戦に名乗りを上げることになる。

▼新たなステージへ

戦国時代の覇者・織田信長は、勝ち目の薄い桶狭間の戦いに勝利してその名を天下に知らしめた。関東の綱取りとして一世を風靡していた今川義元は、織田軍団の奇襲にあってまさかの敗北を遂げた。田舎育ちの小大名が、北条・武田・上杉等の有力者と匹敵する今川当主の首を刎ねたのだ。織田信長の才知や行動力を称賛するよりも、その小賢しさや強運をあざける冷たい視線の矢が放たれたであろうことは想像に易い。

84年度年末期の任天堂のイメージは、この時の織田信長にかぶる。

新しいメディアの誕生を促した任天堂ではあっても、その可能性はまだ砂上の楼閣に過ぎなかった。発売から1年以上が過ぎてたどり着いたスタートラインから見える光景は、かつてアタリ社が消えていった道筋に似ていた。すなわち、サードパーティに頼りすぎたために引き起こされたソフトの粗製乱造による新興産業の崩壊である。

第2のアタリショックを日本で起こさせないために、任天堂は高圧的ともいうべき態度でサードパーティのソフト群を管理していこうとする。また同時に、自社開発のソフトの向上に努めつつ。これはやがて、アーケードゲームと比して格下扱いになっていた**家庭用ＴＶゲームの価値感を根本から覆していく**ことになるのだが、84年度末の時点ではまだ誰も、その可能性にさえ気づいてはいなかった。

恐らくは、その中心にいた任天堂自身さえも。

第2章　形作られるＴＶゲームの市場と文化

1 覚醒する本当の力『スーパーマリオブラザーズ』

「ファミコン」発売から1年半。

85年からは、長いトンネルを抜けた任天堂にとって飛躍の年になる。

大きな要因は2つ。ひとつは、**良質なソフトを生み出すサードパーティの参集**。もうひとつは、サードパーティのソフトを圧倒する**良質な自社ブランドの確立**だった。

前年度のハドソンとナムコの成功から「ファミコン」の優位性に気づいたソフトハウスは、続々と任天堂の元に集った。

ビデオゲーム革命の筆頭だったタイトーは『スペースインベーダー』をリリース。後に『ドラゴンクエスト』でＴＶゲームのあり方を改革したエニックスがパソコン用ゲーム『ドアドア』を移植リリースしたのも、この年だった。他にもジャレコ、コナミ、スクウェア、サン電子などが、アーケードやパソコンソフトの人気作を次々に移植していった。レコード会社のポニーキャニオンは、手持ちのアイドルを売り込むメディアとして利用した。ハード機の競争相手だったバンダイさえ、キャラクター商品のプラットフォームとして稼働率の高い「ファミコン」を選択し、最初のソフトとして『キン肉マンマッスルタッグマッチ』をリリースした。

この時流の勢いに乗って、どのソフトも売れに売れた。5000円のソフトが、20万本、30万本と簡単に売り上げを達成できた。だからソフトハウスサイドは、任天堂とライセンス契約を結んで開発用ツールを取得する数百万円の初期投資をしても、或いは新設投資で数千万円をつぎ込んでも、ソフト1本の移植で簡単に元が取れてしまった。当然その利益は、次のソフト開発につぎ込まれた。

2万本、3万本でもヒット作などといわれる現在の家庭用ゲームソフトの状況から比べると、夢のようなソフトバブル時代だった。

▼〝任天堂チェック〟

こうしたさまざまな思惑で参画してきたソフトハウスに対して、任天堂のスタンスは微妙になる。このままでは他力本願の人気ハードだと言われかねないからだ。しかも、ヒット作のほとんどがアーケードかパソコン用ゲームソフトの移植作だったし。いずれ到来するであろう日本版〝アタリショック〟を回避するには、サードパーティ集団の徹底管理が必要になる。その原因となったソフトの無秩序な粗製乱造を阻止するための先手であった。

サードパーティとの契約の際、任天堂は発売されるソフトに対して厳しい審査基準を設けることを明示した。無論、ソフトの質にこだわるためだ。早い話が、デザインやプログラムに対して文句をつけるのだ。後に〝**任天堂チェック**〟として陰口を叩かれることになる、厳しいチェックだった。現場で立ち会ったサードパーティのプログラマーやデザイナーは、会社に戻ると不快そうな顔で「本当に、嫌な思いをしてきましたよ……」と愚痴っていたものである。まるで憲兵隊による戦前の検閲制度のようだ、などと戦後生まれのエンジニアたちは言っていた。もっとも、最近の事情は全く違うらしいけど……。

もし仮に、この任天堂のスタンスがただ続いていただけでは、サードパーティ軍団はいずれ任天堂を見限っていたことだろう。元々彼らは遊びの世界を仕事場にしようとする不遜な者たちである。いかなる形でも制約を好むものなどいない。

サードパーティとは「ファミコン」という広場に集ったやんちゃ坊主たちのようなものだ。すると、そこを仕切る口うるさいガキ大将が任天堂だということになる。ガキ大将は、やんちゃ坊主たちよりもケンカが強いからガキ大将でいられるのだ。俺が「ファミコン」広場を作ったのだから俺がガキ大将なのだ、などという大人の理屈は、やんちゃ坊主たちには通用しない。やんちゃ坊主たちに認められてこそのガキ大将なのだ。

だから**任天堂は、自分がガキ大将であることを証明しなければならなかった**。やんちゃ坊主たちの目の前で、誰よりもケンカが強いことを見せつけなければならなかった。

その機会は、意外に早く85年9月に訪れた。『スーパーマリオブラザーズ』の登場である。

▼『スーパーマリオブラザーズ』

いまさら細かい解説など必要ない。アーケードゲームからの移植ではない、「ファミコン」用オリジナルのアクションゲームだ。ゲームバランスの理想に限りなく近づいた到達点。マニアから初心者まで、時代を超えて誰もが認める、メチャクチャに面白いゲームだった。

どれほど頑張っても「ファミコン」ごときで遊べるゲームなどタカが知れている、所詮はアーケードに行けない子どもたちの代用品、などとさんざん言われてきた不遇時代の終焉だった。**まさにこれ一本が、家庭用ゲーム機の格下幻想を吹き飛ばした**。後に、アーケード用ソフトとして移植される、などという逆転現象さえ起きた。

おそらく『スーパーマリオ…』の登場によって、玩具業界とは少し異なる家庭用ＴＶゲームという分野が確立したといってよいのではないかと思う。

熱く燃える鉄板に水の雫を落とすようなものだった。発売と同時に、『スーパーマリオ…』は店頭から消えた。再版されても、すぐに消えた。瞬売である。当時は慢性的なＩＣ（集積回路）チップ不足もあって、見込みの大量生産は出来なかったのだ。

子どもたちは口コミでその面白さを語り合い、得点を競い合い、隠れアイテムや裏ステージを話題にした。友達間のコミュニケーションツールとしても存分に役に立ち、ＴＶゲームなどひとり遊びの道具だなどという大人たちの思い込みを粉砕した。

結局『スーパーマリオ…』は、年末から年始にかけても売れ続けることになった。

国内の最終的な販売本数は６００万本超。全世界では４０００万本超のスーパーメガヒットを記録した怪物ソフトになった。〝アタリショック〟以降のアメリカではゲーム業界は壊滅したと思われていたが、同年10月の「ファミコン（アメリカ名：ニンテンドー・エンターテインメントシステム）」のアメリカ発売開始の際はセットとしてプログラム用キーボード付きの『ロボットシステム』と『スーパーマリオ…』がつけられた。これが、家庭ゲーム機再生の本命としてアメリカ全土を席巻していくことになったのだが、高い評価を受けたのは付録扱いだった『スーパーマリオ…』のほうであった。

『スーパーマリオ…』の開発力を思い知ったやんちゃ坊主たちは、任天堂をガキ大将と認めた。だから厳しい〝任天堂チェック〟にも、坊主たちはしぶしぶ耐えた。

▼ゲーム業界のガキ大将

織田信長は幼いころ、身分を隠して近在の百姓たちの子らと相撲をとって遊んだという。十代になっても荒くれ者を装い、父親の葬儀ではその出立で参列して周囲から叱責を買った。それでも気性は変わらず、家督を継いで天下の覇道を歩んでいった。荒くれ者たちを従える最強の荒くれ者として、恐れられ、好かれ、嫌われもした。

複雑な、理解不能な人物と言われるが、その本質はガキ大将だったのではないか。

三つ子の魂にこそ、その本来の姿が映し出されているものなのではないか。

私は、任天堂という法人の魂もまた初期作品の『スーパーマリオブラザーズ』の中に映し出されているように感じられてならない。表画能力や音源の制約を受けた二次元世界で、マリオたちは精いっぱいの冒険を繰り広げる。それを指先で操るプレイヤーは、マリオと一体となってその世界で遊ぶ。時には戦う。あるいは、地団駄を踏んで悔しがるのだ。その時、プレイヤーは開発スタッフの磨き上げた人工の魂に触れる。ゲームの楽しさとは何かという永遠の謎の答えに限りなく近い境界を、垣間見ることができるのではないか。

非道と正義にまみれた覇道を貫く中で、信長の魂はおびただしい血を流していった。

そしてその魂に光と影を纏いつつ、任天堂もまた、**ガキ大将の覇道**を貫いていく。

2 それぞれの胎動

任天堂が独占体制を構築する中、他メーカーはそれぞれの引き際をわきまえた。売り上げ目標達成の成否よりも、**パソコンと玩具の違いを理解した**のだと思う。玩具を足掛かりにしてホビーパソコン市場に乗り込むのは不可能であることを痛感したのだろう。85年になると多くは撤退し、ＭＳＸグループはホビーフィールドにシフトしていった。

家庭用ＴＶゲーム機としてまともな臨戦体制で残ったのはセガとエポック社だけだった。セガの「ＳＧ－１０００マークⅢ」はファミコンとほぼ同等の性能を誇って登場したが、『スーパーマリオ…』の登場によって失速していった。『ギャラクシアン』を移植リリースした「スーパーカセットビジョン」は、品薄気味だった「ファミコン」の代用品扱いでそれなりに売れたものの、やがて力尽きていくのは時間の問題となった。

▼動き出すNEC&ハドソン

結局エポック社は「カセットビジョン」シリーズ累計70万台以上を売り上げて撤退したが、以前から開発に協力していたNECはビデオゲーム業界という新たな分野に視線を置き続けた。日本のコンピュータ産業を取り仕切るNECにとり、新興のビデオゲーム業界など対岸の火どころか、ちっぽけな焚火にも等しい。ホビー用パソコンの10分の1にも満たない価格の玩具と見下していた。それでも、気にはなっていたのかも。

ハドソンがNECに声をかけたのはそんな頃であったという。「新しいTVゲーム機を作ってみないか」と。

「ファミコン」のサードパーティとして一番乗りをしたハドソンはそれで獲得した十分な資金を持ちながら、玩具もどきのそのスペックに限界を感じていた。元は、パソコン用ソフトの開発から始まった会社である。本心としては、お金を稼ぐよりも、新しい技術を使った新しいソフトを作ってみたいとする野望があった。「ファミコン」では実現できない企画案を、存分に動かせるハード機の誕生を望んだのだ。あるいは、管理の厳しい任天堂に対する何らかの反発もあったのかもしれないけれど。

NECはこのオファーを受け、新しい家庭用ゲームハードの共同開発に乗り出した。

▼セガ、再始動

一方、お家のごたごた事情に振り回されてきたセガも、85年にはようやく腰を据えて本業に全量投球できる体制になった。目標の中心にあるのは、やはり**アーケードの改革**である。その第一弾として、それまでとは全く異なるインターフェイスの体感ゲーム機を投入した。7月、レーシングバイク型の筐体「ハング・オン」の登場だった。プレイヤーはバイクにまたがり、実際のバイクと同じようにボディを傾け、アクセルやブレーキを使ってゲームをする。

つまりは、本物のオートバイを操縦するように。筐体と画面の動きもシンクロしなければならず、そのためには新開発の16ビットCPUも不可欠になった。「ハング・オン」は大ヒット。同年12月にリリースされた体感ゲーム第2弾の「スペースハリアー」も大ヒットして、新しい風営法によるアーケードの停滞を吹き飛ばした。

アーケード版「スペースハリアー」を初めて体験した時の印象は強烈だった。場所は東京・渋谷のゲームセンター。入口に置かれた大型筐体は、歩道にあふれる大勢のギャラリーに囲まれていた。まず目についたのは、大型モニターに映し出された極彩色の3D映像だ。襲い掛かってくる巨大モンスターの攻撃をかわしながら、主人公の〝少年〟が画面の奥に向かって走り、跳び、戦っていた。そしてビッグスクリーンに向かうようにして設置された操縦席が、プレイヤーの操作で上下左右に激しく動いていた。二十代後半だった私は、さすがに人混みをかき分けて乗り込む勇気がなくて躊躇った。しかも、1回200円のプレイ料金だったし。すると一緒にいたマスコミ関係の友人たちが、「金なら出してやるから、やってみろよ」と言い出して小銭をかき集めだしたのだ。私は仕方なくも、喜々として筐体に乗り込んだ。小銭の友情に感謝しながら。そして、体感ゲームはゲームセンターというよりも遊園地のアトラクションに近いもので、確実にゲーセンは変わりつつあると体感した。

翌年、セガはそれまでのレース系とは異なる体感カーアクション「アウトラン」をリリース。さらにその翌年は3Dスカイアクションの「アフターバーナーⅠ・Ⅱ」と立て続けに話題作を提供していった。この頃になると、改革のアイテムに「UFOキャッチャー」をラインナップ。以前からにそれなりの人気だったクレーンゲームの景品を手のひらサイズの人形にしたことで、女性や子どもたちから家族連れまでが新しい客層としてアーケードに来店するようになっていった。

セガの思惑通り、**アーケードは地域ごとにさまざ**

まな顔を持つ街角遊園地になっていった。

そしてついに90年には「R360」という究極の体験ゲームを送り出した。これは4点式シートベルトを締めてプレイする、一回500円もしたスカイアクション。上下左右に動きながら同時に、文字通り、この大型筐体は360度回転する。つまり、天井と床がひっくり返るのだ。万一の場合に備えて保安員が1名、常駐していた。プレイは2分足らずだったが過激な動きに耐え切れず、〝ゲロ坊〟になるものまで出てきてしまう始末だった。良い子の遊ぶ健全なゲームセンターで、頭上からゲロがまき散らされるように降ってくる様は想像したくない。そんな事情もあって「R360」はあまり流行らなかったが、大いに話題にはなった。


「スペースハリアー」はアーケードでのリリースから一年後、「アウトラン」も同様にリリースから一年後に、苦戦の続く「SG-1000マークⅢ」用のソフトにラインナップされた。家庭用ゲーム機では体感ソフトにできないのは仕方ないにしても、ハイスペックなCPUを搭載するアーケード筐体のビジュアルとでは比べようもない仕上がりにしかならなかった。急激な進化を遂げていくアーケード用ソフトの仕様を受け止めるには、もはや「SG」シリーズでは不可能になりつつあった。逆に言えばそれはつまり「ファミコン」のスペックさえ時代遅れになりつつあるということである。だいぶ後の89年頃、不思議なことに『スペースハリアー』や『アフターバーナー』などが、なぜかセガではない別のサードパーティの手によって「ファミコン」用ソフトとして移植された。エンジニアたちの必死の努力もむなしく、その出来はご想像の通りであった。

セガは自前のアーケードソフトとの関連を配慮して、次世代家庭用TVゲーム機の可能性を模索しはじめていた。

3 ディスクシステムの誤算とRPGの登場

任天堂にとって、『スーパーマリオ…』のメガヒットは予想外の出来事だったと思う。それなりのヒットは確信していただろうが、ギネスブックの記録に残るほどになるとは考えなかったはずだ。だから翌年の86年2月に発売した「**ディスクシステム**」のほうこそ、任天堂にとっては必殺の切り札のつもりで用意していたのではないか。

「ディスクシステム」は「ファミコン」のオプション的存在なのに価格は1万5000円。本体よりも若干高額で、当時はまだ一般には耳慣れないフロッピーディスクをメディアとしていた。80年代前半はICメモリーやCPUが、玩具のみならず家電製品や車などのあらゆる分野に進出していた変革の全盛期だった。精密部品だったために高額で、大量入手は困難だった。そんなメモリーチップを内蔵するロムカセットと異なり、フロッピーディスクは安価。開発費はほとんど変わらなかったから、ソフトの販売価格は半額に抑えることができた。加えて直接データを上書きできるため、有力玩具店などに設置されたディスクライターによって500円で別のゲームに生まれ変わらせることもできた。「ファミコン」の弱点ともされた音源も、新たなものを搭載しての登場だった。

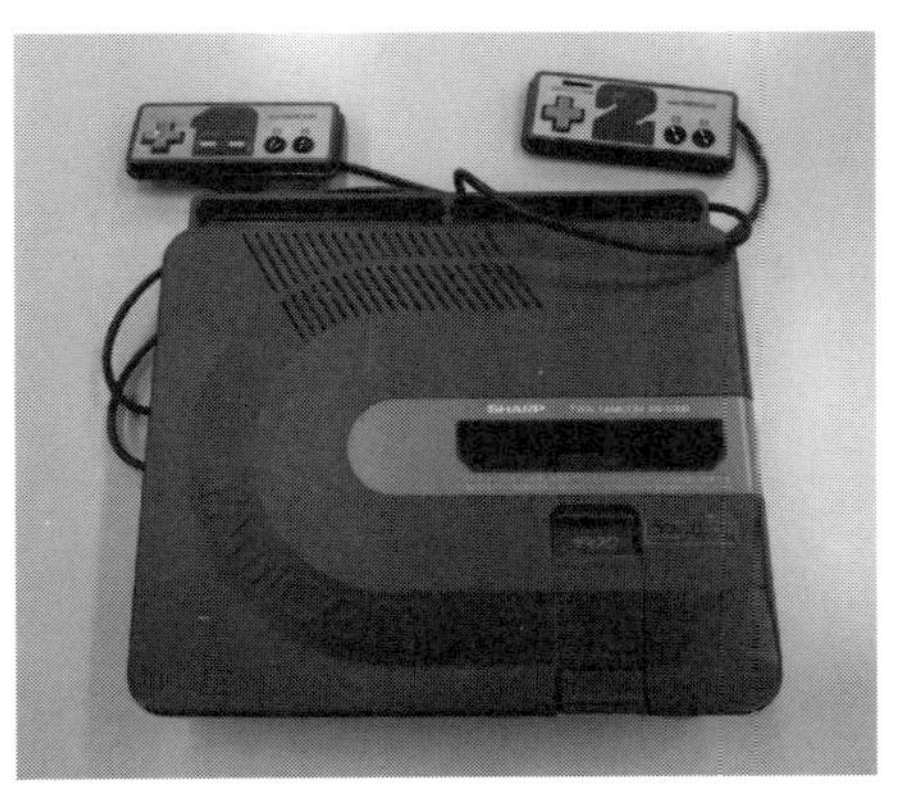

ツインファミコン（シャープ）
ファミコンとディスクシステム両方のゲームを遊べる互換機

同時にリリースされたソフトは7本。その中の本命はアクションRPG『ゼルダの伝説』、対抗はお約束の『麻雀』『ゴルフ』『テニス』等のお約束作品、穴馬は『スーパーマリオ…』であった。価格はどれも、2500円。『スーパーマリオ…』などは、「ファミコン」との価格比較の意味でラインナップされたのだろう。そして任天堂はこの時、「これ以降の任天堂ブランドのソフトは、全てフロッピーディスクでリリースしていく」と宣言した。

▼できすぎたRPG『ゼルダの伝説』

この自信を裏付けていたものは、恐らく『ゼルダの伝説』。アクション系とはいえ「ファミコン」初のRPGの登場で新しいユーザー層開拓をもくろんだのだろう。RPGは、ロールプレイゲームのこと。テーブルトーク・ロールプレイングゲームにその源がある。直訳すれば、〝複数のプレイヤーがそれぞれの立場から役割を演じ、会話やアイテムを使うことで展開していくごっこ遊び〟のことだ。パソコン用RPGでは、このコミュニケーションゲームを一人遊びに変えた。プレイヤーは物語の主人公になりきって、じっくり考えながらデジタル世界に仕掛けられたいろいろな冒険を味わう。町や村、海や山、洞穴や謎の遺跡などいろいろなところに行き、お金を稼ぎ、アイテムを探しながら世界の危機を救ったりするのだ。アクションゲームが苦手なものでも、時間さえかければエンディングを見ることができる。また、自由度が広い分だけデータ量も膨大になるため、攻略には十数時間から数十時間を要する。そのために、セーブ機能を持たなければならない。そうした事情から、「ファミコン」用のロムカセット程度ではまだRPGの移植は不可能と思われていた。

「ディスクシステム」はこの殻を打ち破る強力な兵器だった。 1Mビットのディスク容量は『スーパーマリオ…』3本分のデータ量を誇ったし、セーブ機能も搭載していた。アクションゲーム、あるいはシューティングゲームのための「ファミコン」のあり方を、より広い領域でも遊べるジャンルへとシフトアップするためのアイテムとして「ディスクシステム」は登場した。そのキラータイトルが『ゼルダの伝説』だった。また、子どもたちにはなじみのないRPGのジャンルが受け入れやすいように、簡単なアクション系ゲームの要素も取り入れられていた。そして何よりも、任天堂によりオリジナルで作られた『ゼルダの伝説』は、子どものみならず大人たちさえ夢中にさせる秀逸なTVゲームに仕上がっていた。

そして幸か不幸か、よくできすぎていた。

だから**『ゼルダの伝説』から、RPGという新しいジャンルが面白いのだという一般論への発展にはつながらず、任天堂ゲームブランドを補強する位置づけにとどまってしまった。**これは『スーパーマリオ…』がアクションゲームの面白さを伝える伝道師になったのではなく、『スーパーマリオ…』自体がメチャクチャに楽しいゲームだと認識されたことと同様である。もし『ゼルダの伝説』がRPGの可能性を強く訴えていたならば、セーブ機能がどれほど便利であるのかを年長のユーザーに対して印象付けることが出来たはずだった。つまりは、RPGにこそ「ディスクシステム」はうってつけのハードオプションだ、と。

▼『ドラゴンクエスト』が火をつけたRPGブーム

『ゼルダの伝説』のリリースから三か月後の5月。サードパーティのエニックスは、『ドラゴンクエスト』を発売した。どちらかと言えば、地味にひっそりと。

無論、メディアはロムカセットである。1Mのフロッピーディスクに十分に収まりきる程度のメモリー容量だった。

十数時間にもなる攻略終了までのプレイ時間にも配慮し、平仮名入力することで途中までのプレイデータを再生する「ふっかつのじゅもん」というアイデアも盛り込まれていた。データセーブの代用になる画期的なアイデアだ。もっとも、「ふっかつのじゅもん」の写し間違えで、それまでの冒険を無駄にしてしまって地団駄を踏んだファンは少なくなかったのだが。だからRPGファンが『ドラクエⅢ』のデータセーブ機能を、涙が出るほどありがたいと感じるのは、まだ先の、1988年2月のお話……。

怪異の兆候は、『ドラクエ』発売からひと月ほどしてからのことだったと思う。

いつの間にか口コミで、『ドラクエ』人気はハイティーン以上の世代に浸透していった。

いわゆる若者文化に疎いマスコミ一般は、この水面下の動きなど気にも留めなかった。ゲームやアニメなどのサブカルチャー系雑誌だけが注目していた。そして少しずつ少しずつ、大人たちが知らぬ間に口コミの雪だるまは坂道を転がって大きくなっていった。

まずは学生や若いサラリーマンたちの遅刻や欠勤が目立ち始めた。『ドラクエ』にハマってしまい、夜遅くまで、時には朝まで寝ずにプレイしていたためだ。当然、学業や業務に支障をきたした。事情を知った学校は学生たちに自粛をうながし、会社の中には「ファミコン」禁止令を出したところもあった。それでもゲームをやめられずに学生は学校をさぼり、若いサラリーマンの中にはあろうことか会社のほうを辞めてしまった中毒患者も少なからずいた。残念ながらゲーム開発の現場にも、会社リタイアの中毒患者が多くいた。私の友人の大学教授（当時は某国立大学の助教授）などすっかりはまり込んでしまったが、学者生命にかかわるからという理由で自らの手で「ファミコン」本体ごと叩き壊した。

夏休みの終わりごろには新聞紙面でも話題になり、『ドラクエ』が若者たちの労働生産性を奪っている、などという冗談めいた本気の記事を掲載していたりした。ニッポン経済の成長に対して、このゲームが計り知れない脅威になり得る、と。

この頃には確か、『ドラクエ』は買いたくても買えない状況だった。書籍などと異なり、「ファミコン」ソフトは再版に3カ月ほどかかった。ロムカセットの制作は任天堂に委託する決まりになっていて、「ファミコン」ソフトの生産ラインは常に満杯のフル稼働体制になっていたからだ。生鮮食品のように流行に敏感なソフトでは、3カ月待たされれば気の短い子どもたちは飽きてしまう。待ち切れずに別のゲームで代用する。だから一般には、「ファミコン」ソフトの再版などしない。初回出荷がすべてであった。

そんな中、『ドラクエ』は別格の例外だった。買いたくても買えないので、購入希望者は次の発売のタイミングを待った。辛抱強く、ずっと待った。彼らは、飽きっぽい子どもたちではなかったのだ。

再版に次ぐ再版で話題になり、ブームは衰えることなく100万本以上の出荷になって年を越す。ホビーパソコンの中から生まれたRPGは、「ファミコン」という器に宿ることで新しいメディアに生まれ変わった。予定調和とは言え、ユーザー自身が物語を紡ぐのだ。この100万本の影響力は、『スーパーマリオ…』の600万本に勝るとも劣らぬものになった。

そして翌年1月下旬、『ドラゴンクエストII』の発売時にはブームは熱烈な社会現象と化していた。一作目の発売から八カ月後のことである。この時は大勢の徹夜組も現れ、新宿や秋葉原などの量販店は歩道が歩けないほどの大混雑になった。

そして今度は、瞬売。すぐに再版され、最終的には240万本を超えた。邪悪で恥知らずな不良どもは子どもたちからさえ『ドラクエ…』をカツアゲして、新聞紙上で叱られ、笑いものにされたりもした。それまではTVゲームにあまり興味を示さなかった中高年や女性たちにも注目され、ユーザー層は劇的に広がった。この時点で、「ファミコン」の国内販売は1000万台を突破。その稼働率も驚異的に高かった。

そして、大人たちから子どもたちへ。いつの間にか**RPGブームは伝染していった。**

4 明暗を分ける『ドラゴンクエスト』の影響力

▼和製RPGとファンタジーの興り

一説によれば、最初のパソコン用ゲームは1960年代後半にアメリカの大学生が作った『スタートレック』ではないか、と言われる。当時ブームだったTV用SFドラマシリーズ「スタートレック（この時の日本での放映タイトルは「宇宙大作戦」）」をモチーフにしたゲームで、プレイヤーは宇宙船〝エンタープライズ号〟の艦長になり、保有エネルギーを武器や防御スクリーンに使って敵〝クリンゴン帝国軍〟の防衛線を突破していくのだ。無論、始まりは同人ソフト。後に、商品化されて70年代に発売されたらしい。

戦略や戦術を駆使して展開していく、コンピュータゲームに相応しいものだったという。

これが、後のパソコン用シミュレーションゲームやRPGの原点。そしてさらに言い換えれば、シミュレーションゲームとRPGはホビー用パソコンによく似合うということだ。

一方、商品化されたビデオゲームの原点はアタリ社の「ポン！」。ダイヤルを回してドットのボールを打ち返すだけの、いわば電子ピンボールのアクションパズルである。これが時を経て技術革新を伴いつつ様々なキャラクターを纏うことで、シューティングやアクションゲームになっていった。時間をかけて遊べる家庭用ゲーム機では、ゲームバランスや隠しステージなどの秘密色を濃くして磨き上げた〝ゲーム性〟を売りにして、多くの子どもたちを熱中させた。『スーパーマリオ…』は、その一つの頂点だった。

86年代半ばまでの「ファミコン」は、家庭用ビデオゲームマシンであった。『ゼルダの伝説』という例外はあったが、これだってRPGというよりは異色アクションに近い。

これに対し『ドラゴンクエスト』は完全なRPGとして登場した。ホビーパソコン用ソフトからの移植などではなく、「ファミコン」本体の機能に合わせたオリジナルな設計構造を伴って。しかもその当時のホビー用パソコンソフトさえ、ある面で凌駕した存在として。

だって、いい年をした大人が社会性を忘れ去ってまでゲームの世界に没頭してしまったのだ。それがきっかけでホビー用パソコンのRPGにハマりこんでいった者もいたけど、それはごく一部だった。ほとんどは、『ドラクエ…』のみにハマった。『ゼルダの伝説』とさえ比較されなかった。まるで良質な書籍の物語の異世界のように、ユーザーを魅了した。音源の貧しさや操作ボタンの少なさなどが逆に開発者側に知恵を絞らせた結果、『ドラクエ…』は抜群のゲームバランスや脳内臨場感を誇る宝石に磨き上げられた。ここにも、**開発スタッフたちによるゲーム性にこだわった結果**が輝いていた。

RPGブームが巻き起こり、この分野のゲームが最も売れるジャンルに成長していった。後に『ドラクエ…』と人気の双璧となる『ファイナルファンタジー』は87年の12月に発売された。やがて『ウィザードリー』や『ウルティマ』などのパソコン用人気RPGも「ファミコン」用に移植されていったが、『ドラクエ…』のようなヒットには至らなかった。やはり、マニア向けが前提のパソコン用RPGソフトと、誰でもが楽しめるように工夫された「ファミコン」用RPGとでは、根本的な何かが違ったのだ。そしてその何かの正体は今でも謎である。大変無責任な意見で恐縮なのだが、それがわかれば、どのメーカーでも苦労することなくゲームが作れるんだろうけど……。

とにかく、70年代中ごろのアメリカでマイナーだったホラー分野がドル箱ジャンルに生まれ変わったような出来事が、新たにファンタジーワールドに起きつつあった。

日本ではかつて筆頭マイナージャンルだった〝剣

と魔法〟の世界。映画でもヒットは不可能と言われていたファンタジー世界が、まさかＲＰＧによってヒットジャンルに生まれ変わってくるとは誰も思わなかった。日本のアニメでは、ファンタジー系の作品が評価されてくるのは90年代になってから。海外で〝ハリー・ポッター〟シリーズがブレイクするのは95年の出版以降のことであった。全く無名だった作家のローリング女史はいくつもの出版社にこの原稿を持ち込むが、「子ども向けファンタジーなど売れない」と断られ続けたという。結局、小さな出版社が金鉱を掘り当てることになった。

そして「ファミコン」を象徴する『スーパーマリオ…』と『ドラクエ…』。「ポン！」や『スタートレック』の遺伝子を受け継いだこの2作は同じ「ファミコン」用ソフトではあっても、中心ユーザー層はまるで異なった。それこそ、ポップスと演歌ぐらい違った。同じ音楽プレーヤーの上を走る別ジャンルのメディアのようなものである。**おもちゃ箱の中の玩具だった「ファミコン」は、いつの間にかそれ自体がおもちゃ箱になっていた。**

摩訶不思議な色に塗られた、おとぎ話の詰まった電子仕掛けの絵の具の箱。それらは知らぬ間に子どもたち、いや、大人たちの心を染め上げて、剣と魔法と怪物たちの世界を馴染みやすいものに変えていた。多少の、いかにも日本的なアレンジを加えながら。

▼「ディスクシステム」の衰退

ＲＰＧがファンタジー世界を改革する中、全て予定調和の中で順風満帆に「ファミコン」ワールドは進化を遂げていったわけではなかった。予想外に展開したＲＰＧブームやロムチップの低価格化が「ディスクシステム」の寿命を削りだしたのだ。『ドラゴンクエストⅡ』ロムカセットのメモリー容量は、フロッピーディスク1Ｍを超えていた。「ディスクシステム」用ソフト1枚ではＲＰＧを表現できないようなイメージになってしまった。結果、ＲＰＧを楽しむならロムカセットのほうが良い、などという認識が生まれつつあった。またこの頃になるとＩＣチップの量産体制は十分に確立して、価格も安定期に入っていた。低価格のフロッピーディスクの優位性は失われつつあった。またアクション、シューティングゲームにおいても、２Ｍを超えるロムカセットも登場してきていた。高画質高音質を求める流れは確実に押し寄せており、音源などの色々なチップを追加搭載できるロムカセットの汎用性は広く認められていったのだ。

優位性を失っていった「ディスクシステム」ではあったが、それでも任天堂に律義に約束を守って、自社の有力ソフトをフロッピーディスクで出し続けていく。（『ファミコンウォーズ』や『マザー』等、一部の例外を除いて）メガヒット『スーパーマリオ…』の続編『スーパーマリオブラザーズⅡ』や『ゼルダの伝説』の続編『ゼルダの伝説～リンクの冒険』など、有力ソフトをラインナップしてこれに続こうとしたサードパーティを支援した。容量不足には、ディスクの2枚組ソフトとかで対応した。書き換えを利用したディスクマガジンなどというアイデア商品も登場した。

しかし時代の流れには抗しきれず、徐々に衰退。特に88年の『ドラゴンクエストⅢ』のロムカセットでは、前述のバッテリーバックアップシステムが搭載されて簡単にデータセーブが可能になると、「ディスクシステム」の優位性は完全に失われてしまった。

低価格で良質のゲームソフトを供給したい、とするユーザーサイドに立った任天堂の思いは初めから、少なくとも問屋や小売店筋には不評だったという。〝初心会〟という、古くから任天堂と親しい問屋グループにさえ。希望小売価格が下がれば利幅も下がるのは自明の理で、加えてディスクライターでコンテンツの書き換えが容易にできるとなると、ソフトを箱付きで売りたいとする側の眉間にしわが寄るのもうなずけた。

また、非正規ソフトの乱入も懸案として問題視されていた。この時にはすでに、海外の「ファミコン」市場は日本国内の売り上げを遥かに超えていた。

書き換えが簡単にできるということは、どうしてもセキュリティの問題も出てくる。国内外で、非正規の書き換えソフトが横行した。許認可を得ないソフトも海外から海賊版として密輸入されたりもして、解決できない混乱が続いていたのだ。

発売から1年もたたずに「ディスクシステム」は逆風にさらされることになったが、決してハード機としては失敗ではない。ハイテク分野では時代遅れと言われても仕方のない「ファミコン」の可能性がまだ広げられることを証明したし、たった1年で200万台、最終的には400万台超を売り切ったのだから、これは成功である。

さらに付け加えれば、任天堂によるアフターフォローは21世紀になってもしばらく続いていた。

5 楽市楽座と化す「ファミコン」ソフト市場

▼親分としての織田信長、任天堂

織田信長が安土城を構築した時、その城下に楽市楽座を設けた。城の目的は信長の権勢を誇るとともに、琵琶湖の水路を介して京の都に急行できるための軍事的拠点とすることにあったのだが、その一方で人々の参集する商業地としての賑わいを求めた。税を軽減し、古い慣習や旧来の豪商に拘束されない新しい〝市〟を作って、ベンチャー意識の高い新参の野心家たちに開放した。〝楽〟とは本質的に〝自由〟と近い意味を持つが、この時代にはまだ〝自由〟という言葉はない。〝自由〟は明治時代の造語である。ま、それはともかく。

そして〝座〟とは、商店街の組合のようなものである。彼らは圧倒的な経済力によって、物流や人脈に強い影響力を発揮していた。当時の豪商たちが軒を連ねる堺のような巨大商業地域では、代官たちさえも〝座〟の意向に従わざるを得なかった。信長はこれを嫌い、自らがイニシアティブをとる新たな楽座を作ったのだ。旧勢力の既得利害など存在しないところで、徹底した合理主義の経済政策を実施していった。

元々、京の都に至る街道はそれなりの発展を遂げていた。琵琶湖の水路はその延長にあった。軍事目的の水路は、平時には商業目的の水路にもなった。京に流れ込む農水産物は、税の安い安土城下にも溢れてくる。結果、わずかな期間で安土城の楽市楽座は空前の発展を遂げていくのである。

従来の〝座〟と異なり、〝市〟のルールを取り仕切るのは織田信長であった。軍事と政治のみならず、経済の実権さえもその掌中に握ろうとしていた。魔王のように恐れられていた信長ではあったが、それは覇権を狙うものや既得権に縋り付く者たちにとっての不都合の故だった。庶民にとってはあまり関係ない。戦国覇者などヤクザの親分のようなものだから、どうせなら将来のビジョンを抱く切れ者の方が歓迎される。特に安土城下の楽市楽座に集った新興商人たちにとっては、信長は自分たちをもうけさせてくれる親分だった。

比叡山の焼き討ち事件などを起こした信長と比較するのは少々気が引けるが、80年代後半の任天堂は、この覇王の後ろ姿にかぶらせて視ることができる。後発メーカーながら「ファミコン」によって業界シェアを席巻し、さらに時代遅れのハードスペックになってもなお『スーパーマリオ…』のようなソフトを開発してその実力を示した。加えて、旗本のようなサードパーティ軍団も新しい可能性を次々に生み出していく。

実力と強運が、疾走する任天堂の追い風になっていた。少なくとも、この頃は……。

▼変わりゆくゲーム業界、ゲーム文化

家庭に受け入れられるようになってからわずか数

年で、TVゲーム機は新しいメディアに生まれ変わった。アクションゲームにシューティングゲーム、パズル、スポーツやアドベンチャー。そしてRPGとシミュレーション。それぞれの分野で名作が誕生し、ユーザーのすそ野をみるみる広げていった。玩具店の片隅の棚から始まった小さな流れは、大型の家電量販店へ、さらには中古ソフトとハードも扱う専門店さえ誕生させていった。

そして、ゲームソフトから生まれたキャラクターたちとストーリーコンセプトがコミックやアニメになっていった。この副次的な商品さえメガヒットとなっていく。また逆に、人気漫画やアニメ作品も次々にゲーム化されてヒットしていった。

恐らくその時点で、**玩具業界と異なるゲーム業界**が誕生したと言ってよいのだと思う。

そしてゲーム、アニメ、コミックスの**3つのサブカルチャー業界がループして発展していく新しいメディアコンプレックス（複合構造体）の時代**が産声を上げたのだ。

実際、80年代後半の人手不足だったゲーム業界には、アニメやコミック業界からの人材は多く流れ込んできた。反対に、ゲームデザイナーから漫画家になっていったものも多くいた。こうした人材交流こそ、日本のサブカルチャー発展の要となった。

業界創世の中核になったのは、家庭用ゲーム機の「ファミコン」とそのブームを牽引する任天堂の思想的スタンス以外の何物でもない。

第二のアタリショックを警戒した任天堂によってソフトの質を管理しようとする試みは、サードパーティの開発サイドからそれなりの文句も出ていた。誤解のないように強調するが、〝それなりの文句〟程度の不平不満であった。これは、らつ腕の上司について一杯飲み屋でかげ愚痴を言う類のものだ。

任天堂は厳しいソフト管理の裏側で、サードパーティには気をつかっていた。任天堂のビッグタイトルソフトの発売時期が、一番売りやすい年末年始を外していたことは有名な話。ミリオンセラーになる類のサードパーティのソフトについても、同様に指示が出ていたという。どの時期でもどうせ売れるから、という自信の成せることだろうが、新参や中小サードパーティの販売を圧迫しないための配慮である。

当時は圧倒的な権勢を誇る口うるさい任天堂に対して、私自身も散々、ひがみ根性のような愚痴を言っていた覚えがある。スーパーファミコンの発売直後などは順番待ちでなかなか開発用ツールが回ってこずにイラついたこともあったけど。でも今にして思えば、仕方のないことだったと理解できる。ソフトの内容管理も必要なルールだったのだろう。決して皮肉ではない。発足したばかりのゲーム業界にとって、任天堂は良い親分だった。

一方、安土城下のような日本のゲーム市場とは裏腹に、海外、特にアメリカでは異なる状況が生まれていた。70年代にアメリカで誕生したゲーム業界は、一時は核戦争後のように荒廃してしまっていたが、『スーパーマリオ…』の登場によって急速に復興した。日本で「ファミコン」の発売台数が1000万台を突破した頃、2年遅れの発売だったアメリカでは3000万台を達成。TVゲームの世界市場は日本以上に大きく発展していった。

しかし、その中で任天堂は様々な外圧と戦うことになっていった。キャラクター肖像権や著作権、時には表現の自由の問題などである。その頃は、日米貿易戦争という用語がまかり通っていた時代だった。高品質の日本の車や家電製品に対して、輸入制限を強行しようとするアメリカの政治家や財界人などは、過激でヒステリックな〝打ち壊し運動〟のキャンペーンさえ展開した。何かと難癖をつけて、日本製品は訴訟対象に挙げられていた。そんな時代だったこともあって、「ファミコン」ソフトも被訴訟ゲームの一翼を担わされた。様々な訴訟合戦が続発した。〝ドンキーコング〟(言うまでもありませんね…)さえ、ある有名な怪物映画のキャラクターの模倣だと訴えられたりもした。それらは単に、保守的なアメリカ世論によるニッポン叩きの一つに過ぎない、ということではない。TVゲームやキャラクター商品というものに対して、あまりにも無頓着だったそれまでの日本のあり方を、日本国内の側から考え直さなければならないきっかけになった。それまではあまり縁のなかった知的財産所有権という言葉が、盛んにマスコミ報道を賑わせだしたのもこの頃からであった。任天堂サイドからの訴訟も起きていたし。

それでも善意の解釈をするならば、**ゲームソフトという日本のサブカルチャーがようやく一人前の商品として海外から認められた証**だったのかもしれない。皮肉な時代だった。

第3章 次世代を見据えた動き

▼新興市場への参入者たち

永禄3年（1560年）5月。

圧倒的な軍勢を率いて尾張を制圧しようと駿府城を出陣した今川義元は、織田信長の防衛ラインを軽々と打ち破って破竹の進撃を展開していった。その数、2万5000（一説には4万5000）。対する織田の全勢力は、5000。今川軍の力押しにより、織田軍の出城だった丸根砦、鷲津砦が相次いで陥落していった。

戦いの雌雄は、誰の目にも明らかだった。

しかし序盤の連勝が、今川軍を油断させた。

宿営していた桶狭間で、織田信長の奇襲を受けて今川義元は討ち死にする。

この時の織田の奇襲部隊の総数は、わずか2000足らず。相手側のスキをついて、今川義元の首一つだけを狙い撃ちにしたのだ。別に、近代兵器の鉄砲で武装していた訳でも、一騎当千の武人たち揃いだった訳でもない。降りしきる豪雨の中、先陣を切って疾走した信長の必死の決意が勝利の強運を呼び込んだ。

主君を失った今川軍は撤退。これによって織田信長の名は戦国大名たちの間で知られるようになるのだが、それでもまだ小僧の田舎大名扱いだった。むしろ、〝関東の綱取り〟と言われてきた今川一族の弱体化のほうこそが周辺勢力の関心事になった。

ところで、織田の丸根砦を攻め落としたのは松平家康。後の徳川家康である。今川軍の急先鋒だった家康が、この後に織田軍と同盟を結んで歴史の檜舞台に躍り出てくる。この時代に限らず、利害次第で敵と味方の関係など紙一重だ。

　そして有力大名と同盟を結ぶ地方領主たちの関係は、ハードメーカーとサードパーティの関係にも似ているのかもしれない。

　ゲーム業界の黎明期、必死で疾走する任天堂の姿はこの時の織田信長に被って見える。後発で登場した「ファミコン」にすべてを賭け、誰の目にも不利な市場の戦いに挑んでいった。新たな業界分野を構築する目的で。同時期に登場した他社の家庭用ゲームハードが、どれも一過性のブームを担う程度の戦略アイテムに過ぎなかったものに対して。

　急激に売れ行きを伸ばしてくる「ファミコン」とそのソフト市場。

　生まれて間もないゲーム業界の内部でこそ大きな勢力を誇る任天堂だったが、他分野の産業大手にとっては、所詮はゲーム業界など小さな井戸に過ぎない。そして80年代後半になると、それでもその井戸の可能性はさらに拡大していく。**任天堂の躍進を静観していた古参勢力たちが、新しい井戸そのものを飲み込もうと、動き出していた。**

　どれも、任天堂以上の技術と資本を備えた勢力だった。

1 浮上する野心

▼「PCエンジン」の登場

　話は少しさかのぼる。

　日本電気は、明治中期に国産電子部品メーカーの老舗として発足した。戦前戦後と躍進を遂げ、やがて日本の最先端技術の中枢を担う会社へと発展していった。80年代には半導体技術の開発と生産力で日本が世界一の座についた。そのために日米半導体戦争という、良くも悪くもそんな言葉に集約される事態を引き起こすほどの勢いをもっていった。

日本電気がＮＥＣというロゴで広く一般に知られるようになったのも、80年代に入ってから。ＩＣチップが盛んに白物家電に使われるようになってくると、部品メーカーから電子家電製品メーカーの側面も台頭してくる。それを担っていたのが、子会社のＮＥＣホームエレクトロニクスだった。元の名は、新日本電気。50年代は小型ラジオなどの製造を担っていたという。親会社のＮＥＣは大型コンピュータからホームパソコンまでの開発を担いつつ自動車や大手家電メーカーに中核部品を供給して巨大企業に成長し、その一方の子会社は中小家電メーカーとしてビデオデッキや洗濯機などを細々と（失礼！）開発して販売していた訳である。そしてそれらの家電製品には、ＮＥＣのロゴが使われていた。

だからＮＥＣホームエレクトロニクスは、ホビー用パソコンとして知られていたＰＣ98シリーズのメーカーではない。それでも当然、技術や情報の共用はあった。

「ファミコン」を遥かに凌ぐハードスペックを誇った「**ＰＣエンジン**」は、このＮＥＣホームエレクトロニクスの手によって、87年の10月末日に世に送り出された。共同開発がソフトメーカーのハドソンだったことは前述の通り。ＣＰＵやグラフィックエンジンなどの実質的な「ＰＣエンジン」の中身も、ハドソンの手によるものだったという。

ＣＰＵは「ファミコン」と同じ8ビットながら、クロック数は4倍。表現できる色数や音源も充実しており、16ビットで動くアーケード用マシンに匹敵する表現能力を誇った。少なくとも、80年代前半に登場した16ビット家庭用ゲーム機の比ではなかった。価格は少々割高の2万4800円。標準仕様では1人プレイ用のマシンだが、いろいろな拡張子を持っていて、最大で5人プレイ可能な別売りユニットも用意されていた。

ソフトパッケージは、Ｈｕカード。メモリーチップを内蔵する小型のカード状のもので、価格は

「ファミコン」用ロムカセットより1000円以上安く設定されていた。

　最初に同時発売されたソフトは『上海』と『ビックリマンワールド』。どちらもアーケードに関連する作品だった。前者はこの前年にアメリカでPC用に作られたパズルゲームで、すぐにアーケード用にも移植された。後者はセガがリリースしたアクションRPGジャンルのアーケード作品『ワンダーボーイ・モンスターワールド』のキャラを、チョコレート菓子のおまけシールだった〝ビックリマン〟たちに差し替えたもの（〝ビックリマン〟シリーズは77年からロッテのチョコレートに用いられてきたキャラクターで、この頃にはオマケの〝悪魔と天使のビックリマン〟シールが大流行していた。たくさん買ってシールだけ取ってチョコを捨てるという、20歳前後の世代の、いわゆる〝大人買い〟が問題視された頃）。どちらもハドソンの手による移植だった。以後もしばらくはオリジナル作品とアーケード移植作を、ハドソンのみが細々とソフト供給をしていくこととなる。

　世間は、パソコンで定評のあるNECが本格的に家庭用ゲーム機分野に参入した、というイメージで受け止めた。そんな誤解も後ろ盾に「PCエンジン」は順調に売り上げを伸ばしていった。必然的に、中心ユーザー層は子どもたちよりも少し高い10代半ばあたり。アーケードを中心に進化し続けるアクションやシューティング分野を意識していた。

▼その頃の「ファミコン」界隈

　ところで87年は、「ファミコン」ソフトではRPGブームの発展期である。『ドラクエⅡ』の発売を皮切りに、女性層や小学生までRPGファンが激増した。パソコン用RPGソフトとして高い人気を誇った『ウルティマ』や『ウィザードリー』の移植もこの年だった。12月には『ファイナルファンタジー』のシリーズ第1作目が発売されて、やがて『ドラクエ』シリーズと並ぶメガヒットRPGの双極となっていく。さらにこの翌年の1月、『ドラクエⅢ』の発売によってブームは頂点に達した。もはやRPGでなければ売れなくなるのではないか、などという囁き声が「ファミコン」ソフトの開発現場では流れていたほど。

さらに3月にはPC系ソフトメーカーとして知られていた光栄（現在の〝コーエー〟）が『信長の野望～全国版』を、「ファミコン」用シミュレーションゲームとしてリリース。他のソフトの倍の1万円近い価格であったにもかかわらず（!）、移植の出来だってPC版には遠く及ばなかったにもかかわらず（!）、歴史シミュレーションなど子ども受けする筈などないと誰もが思っていたにもかかわらず（!）、子どもたちの間では引っ張りダコのロングセラーになっていった。

任天堂からは8月に『ファミコンウォーズ』が登場し、RPGとは異なるシミュレーションゲームの楽しさを啓蒙していくこととなる。もはや「ファミコン」の可能性を押し広げていく中心分野は、RPGとシミュレーション分野に託された。

稼働台数の多い「ファミコン」では、シューティングやアクションゲームもリリースされ続けてはいた。アーケードのヒット作や広報にお金をかけたビッグタイトルであれば、それなりには売れた。しかし移植レベルはオリジナルのアーケードバージョンとは比べ物にならず、エンジニアたちの努力もむなしくビジュアルサウンドでの差は開いていく一方だった。

パソコンの日進月歩の進化に連動するアーケード筐体に対して、「ファミコン」のハードスペックの低さは誰の目にも明らかだった。

▼「PCエンジン」の力と〝顔〟たる『R-TYPE』

NEC（ここからは〝ホームエレクトロニクス〟は割愛させていただきます。）の「PCエンジン」は、この間隙を埋めるゲームハードとして登場した。10代半ば以降をターゲットにしたホビー用家電製品であり、新しいメディアプレーヤー的な位置づけで。ただし、どちらかといえば当初は地味に、ひっそりと。**ハイテク職人気質**ともいうべきハドソンのゲーム作りはマニアこそ唸らせたものの、一般のゲームユーザーにはその面白さが伝わらないところも多かったのだ。また87年の年末から年始にかけては、「ファミコン」ソフト軍団の活況期であった。無理な全面戦争は避けたのだと思う。

それでも「PCエンジン」は、好景気の追い風に乗って予想以上の順調な出足をみせた。「ファミコン」から「PCエンジン」に乗り換えたのではなく、すでに「ファミコン」を持っている者が、新たな家庭用面白グッズとして買い足したのだ。早い話が、セカンドカーならぬ、セカンドゲームハードとして。

ハードの発売から4カ月後の2月に、最初のサードパーティとしてナムコが『妖怪道中記』をリリース。以後、ナムコは「PCエンジン」の有力パートナーとして定期的にソフトを提供していく。ちなみに『妖怪道中記』はナムコがリリースしたアーケード用ソフト。6月には「ファミコン」用にもリリースされたが、ビジュアル的な仕上がりの差はハードスペックの差がそのまま出ている。アクション&シューティングゲームの**ビジュアルサウンド面の表現能力では、「ファミコン」は完全に時代遅れになりつつあることを示した。**

それでも結局、「PCエンジン」の基本性能が本格的に注目を集めたのは88年に発売された『R-TYPE』以降になった。87年にアイレムによってリリースされて大ヒットになったアーケードソフトを、ハドソンが「PCエンジン」用に移植した。移植レベルも非常に高くて元々のアーケードのファンを驚かせたほど。ただし、一枚のHuカードには容量的に入りきらず、前編後編の『R-TYPEⅠ』『R-TYPEⅡ』に分けて発売された。…と、されている。前編は3月に、後編は6月に。前編をクリアするとパスワードメッセージが現れ、後編にこれを入力すれば続きの状態で遊ぶことができるという、親切なのか不親切なのかわからない売り方だった。カードのメモリーを増やせばいいのに、と誰もが思った。そうすれば、少しくらい高くなったって、一枚で入り切ったはずなのに…。

「ファミコン」のハードスペックを部活の学生に例えるなら、「PCエンジン」はプロスポーツマンだ。しかしトップアスリートのスペックを誇る「PCエンジン」とはいえ、その実態は〝のっぺらぼう〟である。『スーパーマリオ…』のような、インパクトの強いキラータイトルが絶対に必要だったのだ。しかも、早急に。

NECサイドとしては、『R-TYPE』の登場をさぞや待ち望んでいたことだろう。それこそ、一日千秋の思いで。恐らくは、のんびり屋のハドソンサイドに対しても相当な檄を飛ばしていたのではないか。とにかく急げ、一刻も早く、と。ユーザーサイドに立つなら、Huカードの2枚組で6月発売でもよかったのに。穿った見方をするならば、3月に前編をリリースしたのも、そんな苦し紛れからだったのではないか、と思う。慌てる理由は、「PCエンジン」に勝るとも劣らぬハードスペックを持つと噂された次世代家庭用ゲーム機が、セガから近々にリリースされることを承知していたからだ。

時流に乗ってゆうゆうと先行する任天堂と、アーケードの経験とハイテクスペックを推進力にして後ろから追い上げてくるセガの板挟みになるのは確実なのである。それまでに少しでもアドバンテージを稼ぎたいと考えるのは当然だった。

それでもとにかくこれで、「PCエンジン」は**キラータイトルという〝顔〟**を手に入れた。それでも不安をぬぐいきれないNECは、次の手の準備に入った。

2 セガ 浮上するもう一つの野心

こちらも少し、話はさかのぼる。

83年、セガは営業部付で採用した数十人もの新入社員の中から、厳しい適性テストなどを課して4人を選択。彼らを、新設したばかりの家庭用ゲームソフト開発部門に送り込んだ。社内から管理職を、外部から新たに技術スタッフを雇用し、新人研修と実践を兼ねた「SG－1000」用のオリジナルソフト開発チームを作り上げた。

アーケード用ソフトとハードの開発に主眼を置く当時のセガは、家庭用ゲーム機への参入は片手間の事業と考えていたという。主力の開発チームはアーケード用に特化しており、家庭用機への移植までは手が回らなかった。それどころかこの時期、セガは所有していた過去のソフトの著作権を手放してしまっていた（この事情については23ページを参照のこと）。

かといって、総合アミューズメントを目指すセガとしては、ソフト開発においては外注など考えずに自社開発に拘った。良くも悪くも、いかにもセガらしいスタンスである。

「とにかく、忙しかったですね。でも自分で選んだ道だから、やるしかなかった。学生時代とは裏腹に、夢中でプログラムの勉強もしましたよ。会社に泊まり込みなんか当たり前で、みんな必死で作っていました。少しでも面白いゲームを作りたくて、ね！」

当時を振り返って、そう熱く語ってくれたのは長年の友人である松田達夫さんだ。松田さんは現在、ゲーム開発の最前線から一歩退いて、次世代のプログラマーを育てるために東京テクニカルカレッジのゲームプログラミング科で科長を務めている。

松田さんたちは、それぞれのチームが年間で4本ほどのさまざまなジャンルのソフトを作り続けていたという。80年代後半から他社でRPGを中心に開発に携わっていた私など、2年かけて1本作るのがやっとだった。いやはや何とも、申し訳ないことである。

任天堂とのシェア争いで苦戦の続く「SG－1000」ではあったが、逆境に磨かれて1年2年と過ぎる頃には開発スタッフも精鋭のエンジニアに育っていった。また、前述のセガ社内の御家騒動もようやく大団円の終焉を迎え、85年には「ハング・オン」などの体感ゲーム機によって悲願のアーケード改革も順調に進んでいった。アーケード用に開発したソフトの著作権も資産になり、その数を増やしていった。そして「SG」シリーズも「…マークⅡ」「…マークⅢ」へと発展していく。日本国内でこそ苦戦続きだったが、ヨーロッパではそれなりのシェアを獲得して善戦していた。そう安易には見限れないほどに。最終的なシリーズ累計780万台のうち、その半数近くはヨーロッパでの発売台数だった。

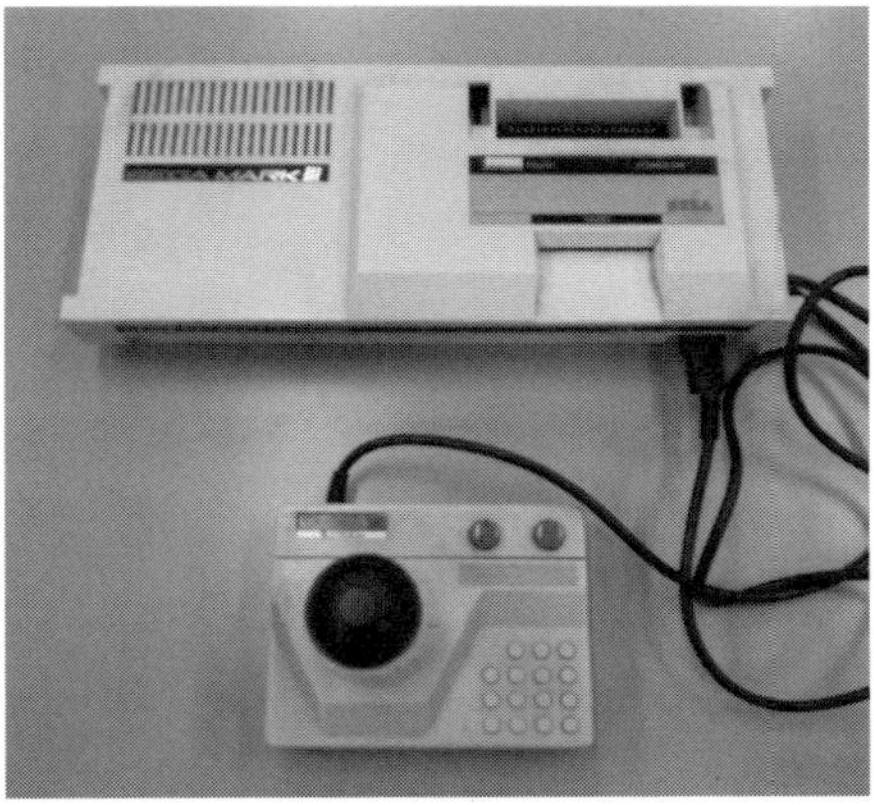

セガ・マークⅢ（セガ）

しかしセガは、ひとつのジレンマを抱え込むこととなる。

▼セガの危惧、改革、そして決意

家庭用ゲーム機の発展は子どもたちを家庭にとどめてしまうことになり、アーケードへの出足を鈍らせてしまうのではないか、という危惧だった。ビジュアルサウンド技術の発展はめざましい。アーケードゲーム並みのビジュアルサウンドを表現できる家庭用ゲーム機が誕生すれば、ゲーム業界全体でのシェア争いは家庭用（コンシューマー）ゲームVSアーケードゲームという図式にも波及しかねない、と。極論すれば、セガは家庭用ゲーム機の発展を望んではいなかったのだ。

無論、当時の一般常識ではアーケード並みのビジュアルサウンド表現をコンシューマー規格のハードスペックで行うなどありえなかった。ビジュアルサウンド的にアーケードゲームをアニメに例えるなら、この時に大ブレイクしていた『スーパーマリオ…』でさえ、せいぜい紙芝居程度の出来である。

しかし85年ごろのこの時すでに、セガのエンジニアたちは、その気になればアーケード用に開発した16ビットＣＰＵなど簡単に家庭用ゲーム機に換装できると考えていた。少なくともハードとソフトのノウハウを併せ持つ自分たちなら、今すぐでも可能だ、と。そして高画質高音質の家庭用ゲーム機が誕生してくるのも時間の問題だ、とも。

だから、セガは**アーケードの改革**を急いだ。ハイスペックの家庭用ゲームでは追従できない、誰もが集う都市の中の遊園地のようなアミューズメント施設への転換であった。

そして時は過ぎる。体感ゲーム機を旗艦としたアーケード改革計画が軌道に乗ってくると、遅ればせながらセガは本格的に次世代家庭用ゲーム機の開発に乗り出した。ＴＶゲーム文化を切り開いていく任天堂の躍進が、セガのスタンスを大きく切り替えさせたのである。井の中の蛙だった任天堂は、いつの間にか怪物に進化を遂げていた。家庭用ゲーム機は一過性のブームなどではなくなり、新たな産業として各方面から注目されてきていた。「ファミコン」は一介の玩具から、オーディオ機器のようなプレイデッキへと存在性を進化させていた。ＴＶゲームは、まるで音楽のように、そのプレイデッキの上を走るソフトウェアだった。累計の発売台数は１０００万台を超え、「ファミコン」は一家に1台の普及も夢ではなくなりつつあった。加えて任天堂による徹底したソフトの品質管理が、日本での〝アタリショック〟現象の再来を抑え込んだ。さらに、ＮＥＣ・ハドソン連合による「ＰＣエンジン」の予想外のヒットがセガを焦らせたのだろう。

アーケード改革に成功したセガはようやく、次は**コンシューマー部門でも任天堂を抜いて業界のトップを狙うこと**を決意した。

▼「メガドライブ」登場

「業務用（アーケード）の感覚を家庭（コンシューマー）で！」という、そんなキャッチフレーズだ。その目的のために用意した決戦兵器が、高性能の16ビットCPUを搭載した「**メガドライブ**」だった。企画は以前から存在していた。満を持しての登場である。それまでの「SG－1000」シリーズとは異なり、今度のセガは本気だった。それも、「PCエンジン」が第二勢力として盤石の基盤を構築する前に、早急に発売する。

突然の上層部からの方針転換に、ソフト開発現場は慌てた。かんしゃくを起こしたスタッフが叩きつけた企画書が、ばらばらになって宙を舞ったという。

「驚きましたよ。いきなり畳一枚ほどの大きさの開発基盤が送りつけられてきたんですから」と、この時はすでにチームリーダーになっていた松田さんは語った。

発売は、「PCエンジン」の発売から一年後の88年10月だった。価格は「PCエンジン」よりも割安な2万1000円。ソフトはロムカセットで、「ファミコン」ソフトと同程度の5800円。同時発売のソフトは『スーパーサンダーブレード』と『スペースハリアーII』で、翌11月には『獣王記』と『おそ松くん・はちゃめちゃ劇場』の2本が追加された。88年のソフトリリースはこの4本。『おそ松くん…』を除けば、アーケード用タイトルの移植でありながらそれなりの〝ひとひねり〟が加えられていた。

翌年の3月には、「SG…」で人気のあったRPG『ファンタシースター』シリーズの新作『ファン

メガドライブ（セガ）

タシースターⅡ・帰らざる時の終わりに』が、6本目のソフトとして登場。「メガドライブ」がアクション&シューティングだけのハードマシンではないことを示した。同じ3月、「PCエンジン」側サードパーティのサン電子から『アウトライブ』がリリースされた。当時はまだ珍しかったSF系のRPGで、『ファンタシースターⅡ』と同系列に並ぶ。双方の任天堂へのライバル視とは裏腹に、図らずも同じ類のRPGが同じ時期に発売した。これは、近い将来に勃発するセガ対NECの構図を暗示させる出来事だった。

▼セガの追走

任天堂を追いたいセガの眼前に、まずは快調に疾走している「PCエンジン」軍団の後姿があった。ハドソンと連合するNECと、ソフトのみならず最先端ハードさえ自社開発するセガとはメーカーの基本スタンスがよく似ていた。また両社とも好調な主要事業を掲げており、家庭ゲーム部門は二次的な位置づけだったことも同じだった。「ファミコン」状況にすべてを賭して突っ走っている任天堂とは、決定的な違いがあった。

状況的に「メガドライブ」の発売が「PCエンジン」のちょうど1年後だったことが大きく響いた。この時点での「PCエンジン」用ソフトの発売本数は20本程度。しかし「PCエンジン」軍団に参集するサードパーティは激増しており、年末年始のリリースに向けて着々と開発を続けていた。発売から1年後、「メガドライブ」のソフトリリースは16本にとどまったが、同じ年の「PCエンジン」側は2年で77本にまで伸ばしていた。

「SG-1000」シリーズの頃から、セガはサードパーティには頼っていない。日本国内ではすべて自社開発だった。「メガドライブ」では積極的にサードパーティの参入を促したというが、どのソフトハウスでもすぐに対応できなかった。慢性的な人手不足と、セガからの技術的な支援がなかったためだ。エンジニアがスペックに合わせて開発ツールを使いこなさなければならなくなるから、新しいハードでの開発は時間がかかるし。

ハードの発売から8カ月後にようやくサードパーティのテクノソフトが『スーパーサンダーブレード』をリリースしたが、これも元を質せばセガのアーケード作品の流れをくむものだ。その後も少しずつサードパーティの参画は増えていったが、やはりセガによる自社開発ソフトが中心。もっとも、ゲーム性へのこの独特のこだわりが逆に功罪となって **〝セガマニア〟と呼ばれたコアなファンをつかむ**ことにもつながったのだから、あながち悪いわけではなかったともいえる。

ただしこの保守的な体質は後の「セガ・サターン」VS「プレイステーション」戦争で**大きな弱点**となっていくのだが、それは次の章にて。

3 横綱相撲の任天堂

▼任天堂もまた次世代へ

強力なスペックで武装した次世代機の追撃に対して、任天堂は一切の焦りを見せることなく疾走を続けた。一見後ろからみれば、他社など歯牙にもかけない左団扇のゆとりに見える横綱相撲のようなスタンスだ。しかし実際には、後方どころか目前を睨み据えての必死の形相だったのだろう。これまでとは異なる新しい業界を切り開く魁の立場では、後ろを振り返る余裕などなかったのだと思う。

まるで、バブルのように膨れ上がっていくTVゲーム業界。古株のプログラマーやデザイナーは次々に独立してソフトハウスを立ち上げ、業界の新戦力になっていく。他業種からの参戦も激増し、雪だるまのように業界は急成長を遂げ続けた。雪だるまが割れぬよう、発展が泡と消えぬように、業界の中枢を担う任天堂は彼らが開発するソフトの内容を徹底的にチェックしなければならなかった。と同時に、「ファミコン」への依存をどこで見切るかも困難な課題だった。なまじ、RPGブームなどという、世界でも例を見ないヒット状況が日本では何年も続いているために、本来ならとっくに下火になっていてもおかしくない「ファミコン」の売れ行きや稼働率は高い水準のままだった。

元々任天堂サイドでは、発売から1年後でもスペック的に有利なゲーム機として「ファミコン」を開発していたのだ。つまりは、消費期限が1年程度の生鮮商品の筈だった。それがまさか、発売から5年以上が過ぎてもなお、ほとんどモデルチェンジさえしないで売れ続けていた。急成長しているパソコン市場では、1年でハードは時代遅れ扱いされていた。バブル経済の風が吹き荒れていた中、急激に進化する家電製品や自動車市場では、2、3年のサイクルで買い替え需要の嵐にさらされていた。そんな周辺事情に囲まれている渦中である。本来ならハイテクの象徴といってもおかしくないTVゲーム機という新興勢力の市場だけが、いつまでも例外的なままでいられるはずもなかった。「ファミコン」の後継機をどうするか。そのスペックや互換性を、またその市場投入の時期はどうするべきなのか。

風雲は急を告げていた。一見穏やかな海にこそ、危機的状況へと瞬時に暗転する影が潜む。決して、笑っていられる状況のはずがなかった。

任天堂の次世代機発売の噂は88年からまことしやかに語られていた。16ビットCPUを搭載し、「ファミコン」ソフトとの互換性を配慮するとか、発売が89年の半ばごろになる、とか。結果、この噂に振り回されたユーザーたちは「PCエンジン」や「メガドライブ」を買い控えることになった。元々「PCエンジン」と「メガドライブ」を、「ファミコン」の買い替えとして入手した者はほとんどいない。2台目、または3台目のTVゲーム機の買い足しなのだ。誰だって小遣いには限りがある。「ファミコン」

がまだ現役で使えるのだから、我慢はできる。1年ぐらいなら、待ったほうがいいとユーザーたちは考えた。

▼新たな柱「ゲームボーイ」

結局、任天堂の次世代機は89年には発売にはならなかった。そのかわりに4月に、携帯ゲーム機「**ゲームボーイ**」をリリースした。電源は単三乾電池で、「ファミコン」以上の性能を誇る高性能8ビットCPUと、シャープと共同開発した新型の液晶画面を搭載していた。価格は1万2800円。80年代初頭の「ゲーム&ウォッチ」を思い出させるような白黒画面である。『スーパーマリオランド』をキラーソフトに添え、4本の同時発売タイトルを揃えた。RPGブームで「ファミコン」ユーザーがアダルト層にまで広がっていたことから、あえて逆に子ども向けの携帯ゲーム機を送り出したのだ。基本的には1人用のゲーム機だが、有線による通信対戦も可能。

おそらく任天堂としては何気ない玩具程度のつもりで出したのだろうが、「ゲームボーイ」は予想を超えるヒット商品になった。ちょっとした時間つぶしに、いつでもどこでも手軽にゲームで遊べるようになった。鞄に忍ばせて、学校にも持ち込んだ。これが子どもたち同士の口コミを喚起し、爆発的に売り上げを伸ばしていった。

後に「ゲームボーイ」は、アダルト層にまで受け入れられるソフトを次々にリリース。パズルゲームの『テトリス』などは400万本を超えるスーパーヒットになった。現代でも続いている『スーパーロボット大戦』シリーズの元祖も、「ゲームボーイ」発祥だ。以後10年近く、多少のマイナーチェンジを繰り返しながら売れ続けていくことになる。「ファミコン」を超えて、**最も息の長いゲームハード**の地位を獲得するのだ。

▼「スーパーファミコン」

そして噂から2年近く引き伸ばされた「**スーパー**

ファミコン」は、90年11月に発売された。価格は、2万4800円。噂通りの16ビットCPUを搭載。むろん、というか、やはりというか「ファミコン」ソフトとの互換性は無し。ステレオサウンドを誇り、回転機能や拡縮機能を売りにしていた。同時発売のソフトは、これらの性能を存分に引き出した『スーパーマリオワールド』『パイロットウイングズ』『F-ZERO』の3本。

スーパーファミコン（任天堂）

発売前から繁華街の店先で並ぶ長蛇の列がニュース番組で盛んに報道された。当然、品切れのために年内に買えなかった者も続出した。有力サードパーティも次々にソフト供給を開始し、盤石の基盤は速やかに構築されていった。

　その一方で、「ファミコン」も継続して発売された。「スーパーファミコン」の発売後にミリオンセラーになった「ファミコン」ソフトも多数生まれた。どちらかといえば、シミュレーション系ゲームが多く見受けられた。『メタルマックス』や『第二次スーパーロボット大戦』、競馬馬育成系の『ダービースタリオン』などである。むろんこれらはやがて、そのシリーズ作品が「スーパーファミコン」でリリースされていくことになる。

▼NECの新たな一手「CD－ROM²」

「PCエンジン」の好調な売り上げで任天堂を追うNECにとって、1988年にセガが送り出した「メガドライブ」は目障りな存在となった。圧倒的な性能差で「ファミコン」との差別化は図れたものの、16ビットCPUを搭載した「メガドライブ」に対しては劣る、というイメージになった。また任天堂側も次世代機の開発を発表して牽制。結果的にユーザーたちにハイスペック家庭用ゲーム機の買い控えを促す形になった。追撃を開始したセガと先行躍進する任天堂の間で、NECは板挟みの状況だった。

こうした事情からNECは、この「メガドライブ」の発売を前に、任天堂と同様の情報戦を仕掛けた。1年後でも「PCエンジン」の優位性を訴え得る周辺機器を発売すると発表した。即ち、「CD－ROM²（シーディー・ロムロム）」である。メディアは、まだ誕生して間もないCD－ROM。**世界で初めて家庭用ゲームソフト用に採用**する、とした。

当時のROMカセットやHuカードでのゲームソフトのメモリー容量は、せいぜい2Mとか3M程度。限界は16Mといわれていた。開発現場ではグラフィックデザイナーとプログラマーが、限られたメモリーの奪い合いでよくケンカになっていたものである。CD－ROMは、そんなケンカを無用にする。何せ、Huカードの数十倍にもなる540Mだった。セル画のアニメーションどころか、実写映像も取り込める。これで、画像データの圧縮と解凍技術に神経を使ってきたプログラマーはその苦戦から解放されることになる。また、圧縮の難しい音楽データや人の声さえ、そのまま取り込むことができる。ゲームの表現領域はアニメーション並みに広がる、と

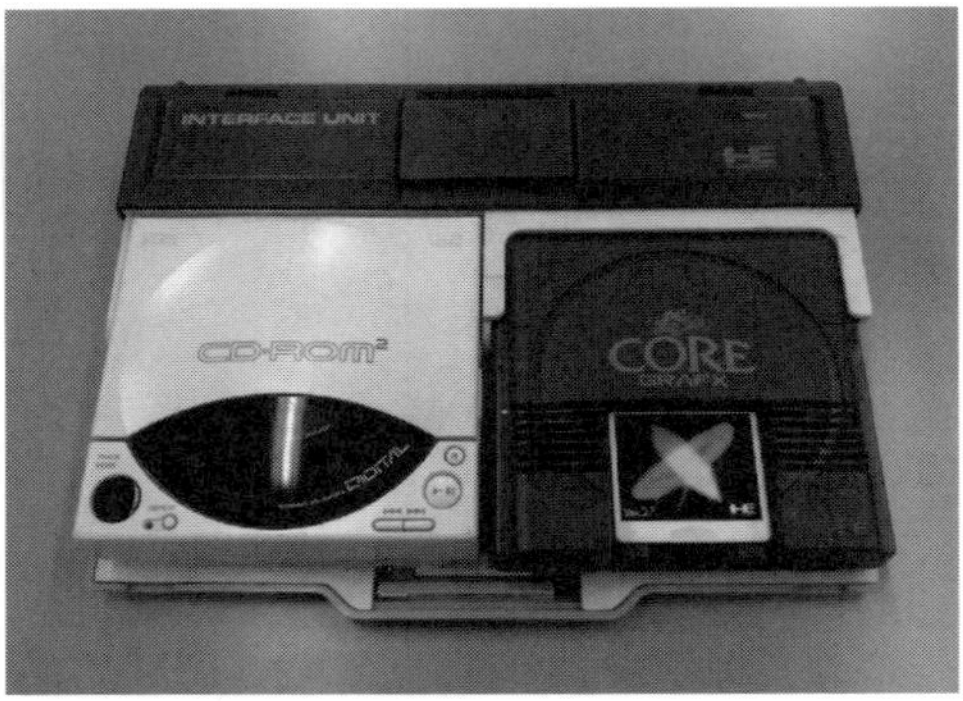

ＣＤ-ＲＯＭ^2(NECホームエレクトロニクス)

ピーアールした。

　ちなみにこの頃、音楽用ＣＤはだいぶ普及していた。80年代初めに登場したＣＤが売り上げでレコードのＬＰ版を逆転したのもこの頃だった。その流れが、ゲームソフトにもやってくる。ＩＣチップを搭載するロムカセットとは異なり、ＣＤは安価なうえに量産も容易い。次世代のゲームメディアはＣＤになるという、ＮＥＣサイドの予言でもあった。もっともＮＥＣの本音は、未来のゲームのあり様において大容量メモリーを必要とする時代の到来を予期していたというよりは、むしろアニメやアイドル人気などのオタク文化をゲームソフトに取り入れようとするメディアミックス的なアプローチであった。ハイスペックの家庭用ハードが、現状のゲームユーザーの嗜好を変えるものと考えた。

　そして「メガドライブ」が発売された同じ年の12月、「ＣＤ-ＲＯＭ^2」が発売された。価格は、拡張機器であるにもかかわらず本体よりも高価な５万７３００円。元々マニア向けに開発された「ＰＣエンジン」だっただけに、高額な価格設定も頷けた。

　同時発売のソフトは、実在のアイドル俳優小川範子を主人公にしたアドベンチャーゲーム（？）『ＮＯ・ＲＩ・ＫＯ』と、後にメガヒット作となる『ストリートファイターII』の前身だったアーケード用格闘アクション筐体の『ストリートファイター』をハドソンが移植して改題した『ファイティングストリート』の2本。やがてその後に、パソコン用アクションRPGとしてヒットしていた『イース』シリーズを移植したり、アニメイベントを売りにした『天外魔境』シリーズの新作をこちらで出したりして話題を呼んだ。

▼「CD-ROM²」の成功と失敗

当然の結果として、マニアにしか売れなかった。それでも最終的にこのハードは、「PCエンジン」ユーザーの1割程度が購入したという。商品企画としては単体では失敗だったかもしれないが、最先端技術の商品化を誇るNECのイメージ戦略としては成功だったのではないか。結果的には、本体の「PCエンジン」は売れ続けていた訳だし。

ただし、家庭用ゲーム機の企画としてはどうかと思う。

開発サイドの立場で言えば、メモリー容量が増えることは単純に画像データが増えることになり、開発費がかさむ。アニメスタジオに発注したり、人気声優にアフレコを依頼しても、やはりコストがかさむ。それでゲームが面白くなればいいのだが、少なくともこの時代では、ビジュアルサウンドはゲームの楽しさをサイドから支えてくれている補助的な要素と捉えられていた。メディアが安くなっても、開発コストがかさむのならあまり意味がなかった。**ゲーム内容の本質的部分が変わらない**のであれば、尚更だった。

結局、ハドソンとNEC直参のNECアベニュー以外、古参の有力サードパーティで、この時代のCD-ROMでの開発を進めたソフトハウスはほとんどいなかったといってよい。

この翌年の89年11月、NECは性懲りもなく「PCエンジン スーパーグラフィックス」という、ビジュアルサウンドの表現能力を2倍に強化した上位互換の拡張機器を発売した。価格は3万9800円で、専用ソフトは最終的に5本だけ。従来のHuカードソフトをこっちでプレイすると少しだけ美しく見える、と言われた。

▼携帯ゲーム機市場での戦い

ところでこの年の4月に任天堂は「ゲームボーイ」を発売しており、12月になっても売れ行きは全く衰えを見せていない。ライバル不在の、完全一人勝ち状況だった。

この携帯ゲーム分野に対抗して、NECは翌年90年12月に「**PCエンジンGT**」を投入する。メディアはHuカードで、本体の「PCエンジン」用ソフトと互換にしたが、サードパーティのソフトでは動かないものも少なくなかった。乾電池で動き、高性能のカラー液晶を搭載。そのためにバックライトが電力を大きく消費するので、6本の単三乾電池でせいぜい3時間程度しか起動しなかった。価格はとても高くて、4万4800円。残念ながら、ヒット商品にはならなかった。

これに先んじる2カ月前の90年10月、セガも携帯ゲーム機「**ゲームギア**」を発売している。価格は1万9800円で、やや安価なカラー液晶タイプ。だから、連続プレイ可能時間は「PCエンジンGT」とほぼ同じ3時間程度になってしまった。むろん、「メガドライブ」や「SG」シリーズのソフトとの互換性などない。同じ8ビットCPUを搭載することから「SG」シリーズの最終形体「マスターシステム」のソフトと互換性を持たせようとしたが、ゲーム性を重んじる現場スタッフの意見でオリジナルソフトの開発チームが立ち上げられた。テレビで遊ぶことを前提としたコンシューマーソフトと、手のひらサイズのハードを前提に作るソフトではコンセプトが異なるから、との意見で。

日本では珍しい、「ゲームボーイ」との比較CMを打ち出してカラー液晶の優位性をPRしたが、残念ながら国内では苦戦してしまう。サードパーティがあまりつかなかったことが致命的だった。元々任天堂でさえ、「ゲームボーイ」の企画当初はカラー液晶で検討していたという。しかしプレイ時間がどうしても短くなることから、より電池の持ちがいい白黒の液晶画面を採用した。見た目のカッコよさよりも、子ども目線を重視しての決定だった。

おそらくセガサイドでも、任天堂と同じ〝子ども視線〟を考慮してなお、カラー液晶の決定に踏み切った。ひとつには任天堂との差別化を図るため。もうひとつには、ユーザー層を「ゲームボーイ」ユーザーより高く設定したためだ。だから、連続プレイ時間が短くなっても良いと判断した。この判断は日本にこそ受け入れられなかったが、海外市場ではそれなりに功を奏した。最終的には国内180万台弱に対して、海外累計では1000万台を超えるヒット商品になった。ただし比較するなら、白黒液晶の「ゲームボーイ」は全世界で7000万台超のメガヒット商品である。

5 CD-ROM情報戦線

▼新しい武器をいかに使うか

種子島での「鉄砲伝来」は、天文12年8月（1543年9月）。年号については諸説があるが、一応、この頃だ。ポルトガル人によって持ち込まれた。戦国時代の合戦様式を一変させたと言われる鉄砲であるが、当初は有効な武器とは思われてはいなかった。先込式の火縄銃で、球状鉛弾丸の飛距離は200m、実効射程距離は100m程度。正確な狙いなど付けようがなかったという。弾丸の装填には時間がかかり、しかも筒先から火薬を入れる都合から、一発撃つごとに銃身を冷やさなければならない。

山間部のゲリラ戦が多い日本にはあまり役に立たない高額兵器と、誰もが思っていた。

この鉄砲が実戦投入されて戦果を示したのは、約

32年後。織田信長・徳川家康連合軍と、武田勝頼が激突した〝長篠の戦い〟でのこと。天正3年5月(1575年6月)、〝風林火山〟の旗を掲げた武田騎馬隊を率いる武田勝頼に対して、織田信長は3000丁の鉄砲を携えて徳川家康の救援に駆け付けた。信長は馬防柵を築いてその後ろに、三段構えの鉄砲隊を配置したという。一列目が銃を発射すると後退し、隊列の後ろにつく。そこで銃身を冷やして筒を清掃。その間に最前列が弾丸を発射。彼らが最後列に来る頃には、前の最後列は弾込めの終え、火縄に口火をつけて次の発射準備をする。冷却・装填・着火・発射に3分かかっても、1分ごとに1000発の弾丸を打ち出せる計算になる。突撃してくる相手に対して、水平掃射なら誰かには当たる。兵でなくて馬に当たっても良いのだ。

これにより、武田勝頼は大敗を喫して甲府に逃げ帰った。

それまでは、ただ大きな音で恫喝する程度にしか役に立たないと思われていた鉄砲が、これを境に、戦場の武器として主流になっていった。鉄砲は増産され、戦国時代においての日本は世界で最も多く鉄砲を保有する国にさえなっていった。

鉄砲というハードウェアを、戦場においてどのように使うかを問うソフトトウェア。

これはそのまま、CD-ROMというメディアを家庭用ゲーム機においてどのように使いこなすかというテーマに置き換えてみることができる。**大容量のメモリーを使いこなすだけのキャパシティを持つハードが登場し、それを生かして面白いゲームを作れる時代が、間もなくやってくる。**そんな予感は、どのソフトハウスでも感じていたことだった。

▼海外で躍進する「メガドライブ」

セガが「メガドライブ」の拡張機器としてCD-ROM対応のハードを発売したのは、91年12月。ハードの名前はストレートに、「**メガCD**」。価格は4万9800円だった。NECの「CD-ROM²」に遅れること、2年だった。

「メガCD」は、単なるCD-ROM用拡張機ではない。音楽CD等の再生のみならず、「メガドライブ」本体では「スーパーファミコン」に劣る部分をカバーし、それ以上の性能を発揮させるアイテムでもあった。早い話が、この組み合わせでハードの性能として「メガドライブ」は完全に「スーパーファミコン」を追い抜いた。もっとも、本体との組み合わせでは価格的にも存分に追い抜いちゃったわけだけれど。

それでもこの時点での日本国内販売台数では、「メガドライブ」はまだ「PCエンジン」の後塵を拝している。その「PCエンジン」でさえ、トップの任天堂には遠く及ばないシェアに喘いでいた。正式な総販売台数は公表されていないが、推定400万台弱、といったところか。海外では、唯一北米で販売され、推定250万台程度だったらしい。

ハードウェアの刷新に拘るNECのスタンスに、嫌気を感じていたサードパーティは少なくなかった。実際、私のところでもほぼ同じ理由から、「PCエンジン」で出していたRPGの続編は「スーパーファミコン」に鞍替えすることに決めた。もっともそんな決意とは裏腹に、任天堂はオーダー待ちの順番を理由になかなか開発用のツールを回してくれず、仕方なく「PCエンジン」用の開発ツールで作業にかかった。何も問題はなかったし、後に任天堂のツールに移行しても不具合は起きなかった。8ビット機だったが、それだけ「PCエンジン」というハードウェアが優秀だったのだろう。

ところが日本の特異な事情とは裏腹に、海外において「メガドライブ」は大きな躍進を遂げていた。ちなみに、アメリカでの発売は89年8月。ヨーロッパでは90年11月。日本の場合と同じく、どちらでも「スーファミ」に先駆けること2年である。

元々「SG」シリーズで実績のあったセガはその営業基盤を生かして、任天堂がまだ販売ルートを確立する前にヨーロッパ市場を押さえることに成功した。最終的な販売台数では、「スーファミ」を超えた。北米でも、対マリオ用に作られたキャラクター

〝ソニック〟が善戦。ハリネズミのやんちゃ坊主を彷彿させるその姿は、如何にもアメリカ人好みだった。高速移動が特徴のアクションゲーム『ソニック・ザ・ヘッジホック』は、アメリカでの先行発売が成功して「メガドライブ」（海外版のハード名は「ジェネシス」）本体の販売台数を飛躍的に伸ばし、任天堂に迫った。

発売から2年が過ぎていたこともあって、ハードの本体価格は170ドルから149ドルに引き下げられた。この時「スーパーファミコン（アメリカでの名称は「スーパー・ニンテンドー・エンターテインメントシステム」）」の価格は190ドルだった。更にクリスマス商戦では同じ価格のまま『ソニック・ザ・…』とのセット販売まで行なった。

こうしたがむしゃらなまでの営業戦略により、「メガドライブ」の最終的な全世界販売台数は3,000万台超となり、360万台足らずの日本国内販売数に比べて、アメリカでは5・5倍近く、ヨーロッパでは2・4倍近い売り上げを達成した。

セガは、十分な手ごたえを感じていたはずである。だから91年に「メガCD」を送り出したのは、単に機能拡張のための理由ではなかったのだと思う。**やがて来る次のハード、すなわち32ビット家庭用ゲーム機モデル開発への伏線**だったのではないか。実際、この時すでに任天堂さえも、CD‐ROMをメディアとする「スーファミ」用拡張機器の開発を進めていた。

▼パソコン化する「PCエンジン」

この「メガCD」に対して、日本国内ではもうすっかりライバル扱いになってしまっていたNECは、またまた性懲りもなくその技術力を見せつけるように、ほぼ同じ発売日に「CD‐ROM²」の上位互換の機種システムをぶつけてきた。

「**スーパーCD‐ROM²**」である。本体のメモリー機能を強化したもので、新規拡張ハード購入の場合は、4万7800円。旧「CD‐ROM²」のユーザーは拡張用のシステムカードを差すだけで「スーパーCD‐ROM²」にすることができた。

本体の「PCエンジン」をベースに、さまざまな拡張キットとの組み合わせで変身していくその姿は、まるで合体ロボットのようだ。つまるところ「PCエンジン」は、**シンプルな家庭用ゲーム機からホビー用パソコンのようなものになっていった。**

6 ソニーと任天堂とCD‐ROM

ソニーという会社の前身は、第二次大戦直後に生まれた。

高い技術とアイデアですぐに頭角を現し、70年代には日本を代表する家電メーカーとして世界的ブランドに成長を遂げた。「ソニー製品は壊れにくい。また、壊れたとしても、必ず直してくれる」という製品性はソニーファンを生み、若年層を中心に高い支持を誇った。少なくともそれが、80年代までのソニーのブランドイメージだった。

そんなソニーが任天堂と組んで「スーパーファミコン」用PCM音源の開発に着手したのは87年から。この頃はソニーには受難の時期だった。MSX規格でホビー用パソコン分野に参入しようとしてつまずき、またソニーが中心になって進めてきたビデオテープの〝ベータ〟規格が〝VHS〟規格に押されて敗色濃厚になっていた頃のことである。

ソニーサイドは早くから、次世代機のメディアにはCD‐ROMが良いと提案していたようだが、任天堂側はロムカセットにこだわった。結局、「スーパーファミコン」用の拡張機器として、ソニーは89年からCD‐ROMメディアのハード開発を開始した。開発コードネームは〝プレイステーション〟とされた。これが、後の「**プレイステーション**」になるとは、当時の開発者たちさえ思いもしなかったのではないか。

88年末には「PCエンジン」が「CD‐RO

M²」を売りに出しており、その可能性を世に問う形なっていた。同じ年に「メガドライブ」を売り出したセガがCD－ROM対応の拡張機器を出すのも時間の問題、とソニーサイドは考えたのかもしれない。

▼CD-ROMに消極的だった任天堂

積極的なソニーの「スーファミCD－ROM」開発計画に対して任天堂がどう考えたのかは推測するしかないが、勝手な暴走を続けるソニーに対しては、どうやら快くは思っていなかったらしい。任天堂に対して露骨なライバル視をするセガに対しても、任天堂は歯牙にもかけないような冷ややかな対応で返した。ゲーム業界を築いてきた矜持を、任天堂が最も強く胸に掲げていたのはこの頃ではなかったかと思う。また逆に、サードパーティから任天堂に向けられる視線が冷ややかなものに変わっていくのもこの頃であった。

すでに国内を制した任天堂の視線は、海外に向けられていたのだと思う。

任天堂の手によって再生したアメリカ市場は、かつてない規模にまで大きく成長を遂げていった。しかしその一方で、日本とはまるで異なるアメリカ市場の事情に手を焼き、さらにセガの巻き返しにもさらされていた時期でもあった。ハード・ソフト共にコンピュータ技術の最先端を突っ走るアメリカの技術企業との提携を積極的に求めた。後に任天堂ゲームハード史上最大の失敗作となる「バーチャルボーイ」（1995年）のコア技術も、アメリカのベンチャー企業との共同開発によって世に送り出されたものだった。

やがてハードとソフトのライセンスの解釈を巡って、ソニーと任天堂は決定的に対立する羽目におちいり、91年中頃には共同開発の話は完全に頓挫した。MSXやVTRの規格戦争で痛い目にあい続けてきたソニーは、今度こそ自社の権利を守ろうと強く主張したのだ。さらに、ソニーブランドでの「スーファミ」用CD－ROMソフトの先行開発を勝手に進めた。これが任天堂の逆鱗に触れた。ロイヤリティの問題以上に、これまでに築き上げてきたソフト管理のあり方をないがしろにするものと映ったのだろう。

直後、任天堂は海外メーカーのフィリップ社と提携してCD－ROMアダプターの開発を進めると発表したが、結局はこれも日の目を見ることはなかったことをみると、やはり任天堂は**CD－ROMでのゲーム開発には懐疑的**だったようだ。いずれにせよこの騒動が、任天堂からソニーへの決別宣言のような公式発表となったことは間違いない。

好調に売り上げを伸ばす「スーパーファミコン」。そこには、当分はCD－ROMなど不要と考えたのだろう。16ビット程度のCPUでは、大容量のデータは手に余る。実際、「PCエンジン」や「メガドライブ」用のCD－ROM対応ソフトはそれほど大きな売り上げにはなってはいなかった。むしろ任天堂は、**ハードアダプターで「スーファミ」の可能性を広げていくよりも、16ビットCPUにできることを探っていった。**

その答えの一つが、〝ポリゴン〟による3D映像処理だった。発売は、93年の2月。当時はまだ耳慣れなかったこのCG用語が、任天堂の開発した専用チップを搭載した3Dシューティングゲーム『スターフォックス』によって広く知られるようになった。

もっともポリゴンの広報という意味では役に立ったものの、これに追従するサードパーティもなかったために、大きなブームには至らなかった。少なくとも、コンシューマーソフトのフィールドでは。筐体ごとにスペックの異なるハードを並べることができるアーケードでは、ポリゴン処理の3Dゲームはとっくに当たり前の技術になっていた。だから逆に、臨場感を求めるなら2D系ビジュアルのゲームのほうが支持される場合もある。事実この93年はまだ『ストリートファイターⅡ』人気が全盛で、アーケード、コンシューマー共に熱狂的ユーザーを取り込んでいたのだが、これについては第4章で。

▼ハード開発を諦めないソニー

一方、ソニーサイドは「スーファミ…」用ソフトの開発は中止にしたが、自社ブランドの家庭用ゲームハードの開発は改めて進める決意をした。積年に及ぶ任天堂との付き合いで、**家庭用ゲーム機の開発には何が大切であるのかを徹底して学んだ**のだ。特に、「ファミコン」から「スーファミ…」に変わる時の混沌期に一緒に仕事をしていたことが大きな資産となった。既存のマーケッティングなどに頼らず、ユーザー目線で考えること。家庭用ゲーム機はハードスペックも大切だが、それ以上にソフトコンテンツを大切にする、とか。そして、それを開発するサードパーティの存在は、単なる下請けグループではなく、信頼関係を結ぶ同盟グループでなければならないことなど、などを。

CD-ROMというメディアを巡って、新たな勢力が水面下で動き始めた。

第4章

世代交代の波

1 格闘ゲーム『ストⅡ』の台頭

▼〝バトルもの〟の潮流

週刊少年ジャンプが毎週400万部の売り上げを突破したのは、80年代前半のこと。以後も発行部数は増え続け、最盛期の90年代には600万部を軽々と突破した。

その躍進の最大のけん引役を担ったのは鳥山明の「ドラゴンボール」。少年〝孫悟空〟が主人公の上質なSF冒険ファンタジーは、なぜか途中から素手で戦う武道大会での優勝を目指す物語に変わっていく。

そして、やがては大人になった〝孫悟空〟は全宇宙を舞台にした武道大会や決闘の場で、邪悪な敵を相手に正義のために戦い続けていくのだ。中盤以降の物語の要は、一対一の決闘だ。それによって地球や宇宙の運命が決まった。

このパターンは少年ジャンプに掲載されていた他の作品にも波及し、死の世界から蘇った不良少年の義理人情お化けコメディーの「幽遊白書」やお笑いプロレス漫画の「キン肉マン」なども、世界の未来をかけてリングで戦う決闘ドラマに変わっていった。

読者アンケート至上主義によってストーリー展開が決定され、それによって漫画家のストーリーづくりも大きな影響を受けた。その結果、編集部との関係を悪くした漫画家も少なからずいた。自分が描きたい作品性と、第三者に売り込むための商品性。漫画に限らず、モノ作りに携わるすべてのプロたちは、この狭間で心を揺らす。

途中から少年ジャンプ編集部のこの方針は変革されたものの、一般読者の中心層が週刊コミックに求めるストーリー性はその類のものであることは確かだった。アンケートが終了しても、週刊少年漫画の主流は熱血バトルものが主流になった。

良くも悪くも、人気作の多くが正義のための決闘漫画へと様変わりしていったのである。

▼ゲームセンターから巻き起こる『ストⅡ』旋風

時は、「スーパーファミコン」が発売された翌年の91年半ば頃のこと。

ゲームセンターで奇妙な動きが起きていた。店の奥にひっそりと置かれた地味な筐体に、いつの間にか人の列ができるようになったのだ。やがて列はどんどん長くなっていった。

その新作ゲームは『ストリートファイターⅡ』。タイトルにある通り、87年にリリースされた『ストリートファイターⅠ』の後継モデルである。2Dサイドビューの画面で、ゴツいキャラクター同士が一対一で〝ど突きあう〟という類の単純な対戦格闘ゲーム。旧作にもそれなりにファンはついていたが、大きなブームを起こすものではなかった。

『ストⅡ』は、大した宣伝もないままに口コミで人気に火が付いた。恐らく発売元のカプコンも、これがまさか、それまでのアーケードの常識をひっくり返すメガヒットになるとは思わなかったのではないか。当初店の奥に置かれていた筐体は、人気に応じて店の中央へ、さらには店頭へと進出していった。やがて大型モニターで展開される腕自慢のプレイヤー同士の対戦時には、大勢のギャラリーたちを背負うようにまでなっていった。

画面上で戦う8人のキャラクターたちは特色が振り分けられ、プレイヤーの好みで選択された。トータルバランスに優れ、「昇竜拳！」という流行語を生んだ〝ケン〟や〝リュウ〟。プロレス技を得意とする、マニア好みの〝ザンギエフ〟などだ。そんな中から、中国娘の拳法使い〝春麗(チュンリー)〟という圧倒的な人気キャラも登場した。〝彼女〟は格闘ゲームの枠を超えて注目を浴び、『ストⅡ』の象徴としてサブカルチャーの様々な分野に大きな影響を及ぼした。キャラクター商品というよりは、さまざまなデフォルメキャラに変化して漫画やアニメに光と影を落としたと言ったほうが正確なのかもしれない。『ストⅡ』をプレイしたことがない子どもたちさえ、〝春麗〟の名やその必殺技を知っていた。

「強い奴に会いに行く!」などというキャッチフレーズが、ブームをさらに煽った。

この頃はセガによるアーケードの改革もすっかり進んでいた。

景品を狙うクレーンゲームや〝プリクラ(プリント倶楽部)〟などのヒットで家族連れや女子高校生なども気軽に来店できる雰囲気になっていた。かつての薄汚れて暗かった照明は一新され、汚い格好で入ることが躊躇われるように煌びやかに明るく変わった。さまざまな対戦ゲームや共同作業型の複数人数同時プレイゲームもあったが、どれも顔見知りの仲間同士で遊ぶことが当たり前という認識だった。

都心のゲームセンターはすでに、不良たちのたまり場ではなくなっていた。だからというわけではないけれど、闘争心をむき出しにするような殺伐とした格闘ゲームが大ヒットになるという状況は不思議に思えた。

かつての横並び型通信筐体は友達同士でプレイするものだった。レース系の通信対戦ゲームなども、知らない者同士が競うことなど見たことがなかった。それが、『ストリートファイターⅡ』(以後『ストⅡ』)のヒットを皮切りに**見知らぬ者同士の対戦が当たり前**のことになっていった。挨拶などせずに無言で横の席に座り、勝負が終わると負けたほうは無言で去っていく。だから〝強い奴〟は百円玉一枚で同じ筐体の前で勝ち続け、〝弱い奴〟は次の者に席を譲る。そして〝弱い奴〟はしぶしぶ、コンピュータが相手キャラを操る一人用モードで練習に浸るのだ。

小学生から社会人まで、幅広い年齢層のファンが熱狂した。数十万円もの100円玉をつぎ込んだ中毒症状の猛者もザラにいた。

▼拡散と浸透

アーケードでのリリースから1年後。つまり92年の6月、『ストⅡ』は『ストⅡ・ダッシュ』にマイナーチェンジした。同時に「スーファミ」用ソフトに移植されて、全世界で600万本を超えるスーパーメガヒットを記録する。ゲームハードのスペック進化もあり、移植レベルは非常に高かった。これ以降も、数年後の「3DOリアル」や「PC－FX」などの次世代家庭用ハードに、移植ソフトとして人気を継続していくこととなる。

ゲームセンターに通えない小中学生に大人気になったのはいうまでもない。子どもたちは仲間同士の対戦に熱中した。しかしそれとは別に、家庭で楽しむというよりアーケードでの戦いの練習用に購入した者もいた。そして恐ろしいことに発売から1年を経過していたこの時でさえ、アーケードでのブームは冷めるどころか逆に拍車のかかる勢いが続いていた。

SNKの開発した「NEOGEO」による『餓狼伝説』などの2D格闘アクションも人気を博していた。ちなみに「NEOGEO」はアーケードと同じカセット型ハード機を家庭でも使えるように考案されており、販売用のみならず家庭用レンタルシステムも用意されていた（ちなみに、家庭用機の売れ行きはイマイチだった……）。さらにその後もカプコンから『ファイナルファイト2』、NEOGEOからは『ワールドヒーローズ』や『龍虎の拳』など、**ぞくぞくと対戦格闘アクションが登場**してくることになる。『ストⅡ』のユーザーたちは、似て非なるこれらの対戦アクションにも積極的に手を出し、相乗効果でそれらの人気を牽引していった。

結局のところ「スーファミ」版『ストⅡ』の登場

したこの頃、アーケードでは半数近い筐体が格闘アクションになっていた。あれほどの社会現象になった『スペースインベーダー』でさえ1年ほどでブームが去ったことと比較すれば、どれほど異常なことだったかはご理解いただけると思う。コンピュータの操る〝インベーダー〟と戦って点数を競う**ひとり遊びと、個性をむき出しにした人間相手の対戦との違い**だったのだろう。

もはや『ストⅡ』はブームというより、スタンダードな状況として定着していた。補助的にはキャラクター人気もあったけど、本質はゲームの面白さ、あるいはその場に集う人々の熱気によるヒット状況だった。(実際、『ストⅡ』のTV用シリーズアニメ化やハリウッドによるアメリカ製の実写劇場版の登場は94年以降のことである)。

この頃には単にゲームプレイヤーの〝強い奴〟が持てはやされるだけでなく、ゲームセンター同士が交流戦と称して団体戦を企画していたりもした。やがてはメーカーサイドによる全国大会まで開催されることとなる。それでブームは終焉に向かうかと思われたが、『ストⅡ・ターボ』『スーパーストⅡ』へとバージョンアップを繰り返して次世代ゲームハード機登場の先の先まで『ストⅡ』シリーズの人気は続いていった。

ちなみに、3Dになる『ストリートファイターⅢ』の登場は、ずっと先の1997年になってようやくアーケードでお披露目を迎える。さらに後にこの流れはアメリカにおいては〝**プロゲーマー**〟というアスリート枠の専門家集団まで誕生させることにつながり、21世紀の日本にも〝プロゲーマー〟たちを生み出す土壌としてフィードバックしてきている。

▼『ストⅡ』人気と継続の源泉

突然始まったこの『ストⅡ』の人気とその継続の理由は、今も謎である。

第二次プロレスブームや空手ブームがあったからとか、ヘビー級キックボクシングから派生した〝K1〟ブームがあったからだとかいろいろ言われた。

ちょうど80年代中ごろにはじまった異常なバブル経済の末期でもあり、世の中が浮かれ騒ぐ一方でなんとなくその終焉を無意識に感じていた人々のヒステリックな心模様を現象化した結果なのだ、……などとまことしやかに口にする社会学者やインテリ評論家たちもいた。もちろんそんな評論家に限って、ほとんど『ストⅡ』をプレイしたことがなかったりするのだけれど。

誤解を招くことを承知で言うが、『ストⅡ』はシステム的には非常に単純なゲームだった。コンセプト的にはアーケード用というよりは、家庭用ゲームに近い。友だち同士での対戦が似合う。また、アーケード版でのコンピュータ相手の一人対戦モードなどはシナリオモードが用意されていて、完全にコンシューマー用ソフトの仕上がりである。「スーファミ」への移植がハイレベルな仕上げにできたこともそれ故だった。だから初心者が出鱈目にレバーやボタンを操作しても、コンピュータキャラの対戦や油断をした中堅プレイヤー相手にならラッキーパンチやキックで勝てたりもする。知らぬ間に発動した〝必殺技〟で相手を〝火だるま〟にしちゃったりするのだ。

でもその一方で、魔術のように巧みにキャラを操る上級者に対しては、絶対にラッキーパンチなどでは勝てない。まるで囲碁や将棋の棋士たちのように、あるいはまた、現実の格闘アスリートたちのように、相手の出方を考え、先を読み、攻略法を仕掛ける。そして選択した戦略や戦術に合わせて、レバーとボタンの操作でコマンドを入力するのだ。何十万円にも及ぶプレイ料金をゲーム筐体に貢いで、指先や掌にタコを作りながら。

おそらく『ストⅡ』というゲーム筐体は、コンピュータが提供するバーチャルな〝リング〟だったのではないか。間接的に、人と人が集うための場所。そしてそこで味わえる興奮は、現実の痛みを伴わない疑似体験の決闘。早い話、見知らぬ相手との素手による一対一のケンカの疑似体験だ。レバーとボタンのインターフェイスによって、プレイヤーが自分らしさを相手に問う〝スタジアム〟あるいは〝ステージ〟ではなかったのか、と思う。

つまるところ『ストⅡ』は、**プレイヤーたちが努力をすれば報われるほどに秀逸なゲームバランスに仕上げられていた**ということなのだろう。一方、そんなプレイヤーたちのニーズに応えられたのは、開発スタッフたちの努力による。『ストⅡ』のメガヒットを生んだものは社会状況や時代性などではなく、開発現場の末端のスタッフが労を惜しまずにゲームバランスや当たりチェックなどによるゲーム性を磨き上げたことによる。デジタル業界の職人芸の結果だったのではないか、ということだ。プロフェッショナルな計算で消費効率の良い商品を作り出したというよりは、ゲームらしさを徹底的に追求した開発スタッフのアナログ的こだわりを集大成した結果の、偉大なデジタルアートのような類のものである。

結局『ストⅡ』が長期間にわたって高い支持を受け続けてきたのは、**ある種のコミュニケーションツール**としての役割を担ってきたからだったのかもしれない。ひとり遊びの格闘ゲームというだけだったなら、数年にも及ぶヒット状況は生まれなかったはずだ。

▼New Challenger

本来ゲームは、複数人数で遊ぶもの。それがコンピュータの発展により、ひとり遊びという新しいジャンルが立ち上げられた。そんなひとり遊びだったビデオゲームの対戦相手は、所詮はコンピュータプログラムに過ぎなかった。ユーザーのニーズに合わせて開発が進み、それが行きついた先にあったのは、ゲームの原点だった〝**人との対戦**〟である。

後にインターネットによってゲームのあり様が大きく変わっていく際、変革の要となったのは通信機能だった。インターネットによる通信機能の進化と拡大。ビジュアルとサウンドの膨大な情報も相互交信できるようになった。これにより、隣の席に座っているライバルが、やがては地球の裏側にいても戦える時代が間もなくやってくることになる。

ネット通信による新手のゲームの予兆は、この頃から生まれていた。

2 2Dから3Dへ……

▼3D時代の先触れ『バーチャファイター』

『ストリートファイターⅡ』のリリースから2年半後の93年12月。

まだ格闘ゲームが主流だったアーケードの店先に、目を見張るような巨大モニターが設置された。たまたまソフト開発の仲間たちと歩いていた私は、歩道に溢れる人だかりに足を止めた。そして、彼らの視線の先に映し出されていたデモ画面に目をくぎ付けにされた。モニターの中では、優に2メートルを超す3DのCGキャラクターが、まるで人間のようにグリグリと素早く動き回って戦っていたのだ。彼らは、円空が造りだす木彫り人形のような姿だったことが強く印象に残った。決して大袈裟な表現ではないのだが、私はその迫力に圧倒され、度肝を抜かれた（だって、93年はまだCG技術が未開の頃だったし、SF映画のCGさえ手作りのアナログSFXに遠く及ばない〝しょぼい〟奴だったから、驚くのも無理はなかった……）。

それが、セガのアーケード用対戦格闘ゲーム『バーチャファイター』だった。世界初の3Dポリゴンによる対戦型格闘ゲームというふれ込みである。

「すげえなぁ……」そう呟いた私に、仲間の一人が「確かに見た目は凄いですけど、まだまだですね」と冷笑を浮かべた。彼は、『ストⅡ』の筐体用基盤まで持っているほどの格闘ゲームマニアだった。『バーチャファイター』には私が初対面だっただけで、彼のみならず他のスタッフたちも既にプレイ済みだったらしい。「だから、前から言っていたじゃないですか。たまにはゲーセンでも行って勉強してくださいって」と、怒られてしまった。

私と仲間たちとのこの時の会話が、そのまま世間での『バーチャファイター』の評価に等しい。ビジュアル的なインパクトから、各メディアで話題になった。ゲームのCGがこれほど凄いのか、と絶賛された。その一方で、アーケードではその評価がまちまちだった。特に格闘ゲームは2Dに限る、と言い切る『ストⅡ』上級者たちは冷ややかな視線で『バーチャファイター』を見下ろした。「……まだまだ」だ、と。いわく、演出があざと過ぎて画面が見にくい、とか。いわく、展開の目まぐるしさでゲーム性が損なわれている、とか。

アーケードに通い慣れた者たちにとっては、ポリゴンなど珍しい技術ではない。80年代中ごろから既にそこにあった。『スーファミ』のソフトにさえ、ポリゴンで表現するアクションゲームは存在した。だから、アーケードのマニアたちはビジュアル的なインパクトには驚かない。

同じことが、ソフト開発のエンジニアたちにも言えた。だから任天堂サイドでも、ポリゴンではない表現でゲーム性を追求すれば、32ビットマシンなど恐れるに足らず、と考えたのではないか。「……まだまだ」だ、と。実際、この時はまだ『ストⅡ』が人気の絶頂にあり、『バーチャルファイター』の追従を許さなかったわけだし。

▼先鋭化する『ストⅡ』界隈

『ストⅡ』の登場から2年半は、ただ単にアーケードに格闘ゲームファンが足繁く訪れていたというだけではない。その間に小さな社会問題も派生した。賭け試合をする者や、負けた腹いせに本物のストリートファイトを仕掛けて警察沙汰になるという事件も起きたりした。しかしそれらは別にアーケードゲーム全体にも当てはまる問題で、『ストⅡ』に限ったことではない。『ストⅡ』に限った最大の問題は、2年間で〝強い奴〟が増えすぎたことだった。

〝強い奴〟は〝強い奴〟同士の切磋琢磨でますます強くなっていく。〝弱い奴〟すなわち初心者は、瞬殺されるから家にこもって家庭用機でのプレイで我慢する。中堅プレイヤーも、〝弱い奴〟が寄り付かなくなってしまうので、通い辛くなる。やがてゲームセンターの筐体の過半を占めるに至った2D対戦格闘ゲーム機は、〝強い奴〟等ばかりに仕切られてしまっているような状況になってしまった。セガによって女子高校生や家族向けに解放されたアーケードが、今度は**マニアによって一般ファンには入店しにくい事態**に陥っていた。

▼『バーチャファイター』が導いた王座

セガはこれを意識していたわけではなかったと思うが、『バーチャファイター』の登場はそんなアーケードの閉塞状況に突破口を作り出した。2D系上級者が『バーチャファイター』を敬遠したことで、逆に新手のプレイヤーが徐々に参集してきた。彼らの嫌う**ビジュアル的なインパクトが新規ユーザーを引き付けた**ことは言うまでもない。

同じ対戦型格闘ゲームでも、2Dと3Dでは勝手がまるで異なる。例えれば、二次元平面で競うビリヤードと、三次元空間で競う卓球の違いだ。むろん、難易度やスピードの差だけではない。当たりチェックのタイミングや、演出効果の差も大きかった。

当初、『バーチャファイター』は旧来の2D系ユーザーからの批評で伸び悩んでいた。それでも月日がたつごとに人が集うようになっていき、1年後には3D系格闘アクションファンも大きな勢力に育ちあがっていた。そして94年11月。セガは『バーチャファイターⅡ』をアーケード用にリリース。同時に、第三世代の家庭用ゲーム機「**セガ・サターン**」が発売され、そのキラータイトルに『バーチャファイター』があてられた。「セガ・サターン」は『バーチャファイター』専用機、などと大っぴらな陰口がささやかれた。

だが、それが功を奏して発売のスタートダッシュに成功する。ほぼ同時期には発売された「プレイステーション」に大きな差をつけることができた。実際には3Dポリゴンの表画能力は専用チップを搭載した「プレイステーション」のほうが勝っていたが、質の高い『バーチャファイター』の移植が功を奏して、「セガ・サターン」という新手のハードの可能性にサードパーティから熱い視線が注がれた。また、ほぼ同じころにアーケードでは『セガ・ラリー』をリリース。こちらも大ヒットして、ポリゴンとセガのイメージを結び付けることに大きく貢献した。

以後3年。**「セガ・サターン」は32ビット家庭用ゲームハードにおいてトップの座に君臨する**ことになる。日本市場での任天堂打倒を求めてやまなかったセガの悲願は、この時期に初めて成就した。

3 水面下のセガ対ソニー

▼5つの新顔

94年は新型家庭用ゲームハード機の豊作期だ。少なくとも、話題性と数においては。

皮切りは3月。まずはパナソニックの「**3DOリアル**」から始まった。コンシューマーハードでは初の32ビットCPUを搭載していた（詳細は第5章にて）。

アーケードで人気の格闘ゲーム機をそのまま家庭用にも使える仕様の「**NEOGEO**」が、9月にCD対応の上位機種「**NEOGEO-CD**」を4万9800円でリリース。もちろん、2D系格闘ゲームのマニア向けだった。

同じ月、〝ガンプラ〟などのキャラクタービジネスで成功しているバンダイからは小学生にターゲットを絞った「**プレイディア**」が2万4800円でリリースされた。声優ファン向けやアイドルものの企画アイデアソフトが中心で、サードパーティによる参入はなかったがそれなりに話題になった。

そして本命の「セガ・サターン」が11月に、対抗の「ソニー・プレイステーション」が12月に発売された。その陰に隠れて、同じ12月に「PCエンジン」の最終上位機種になる「**PC－FX**」もひっそりとリリースされている。

▼任天堂の変調と『ポケモン』が繋げる世界

カヤの外の任天堂は、噂の次世代機「ウルトラ64（後のNINTENDO64）」の発売延期を発表した。

その代わりに「ゲームボーイ」の後継機種になるという「**バーチャルボーイ**」を95年に発売すると大々的に発表した。頭に装着するゴーグルタイプのヘッドアップディスプレイ型で、32ビットCPUを搭載。その会見の場にギャラリーとして同席した私とソフトの開発仲間たちは、実際にプレイしてみてその酷さに絶句した。どこかで聞いたセリフではないけど、「……まだまだだよ」と思ってしまった。あえて言えば、子供の目線でゲームをリリースしてきた**任天堂らしくない商品**だった。王道を歩み続けていた任天堂の行方に暗雲の気配を感じたのはこの頃のことであった。

どう考えても売れそうもないこのゲームハード機は、任天堂の予告にしては珍しく約束通りの日程で発売され、年末には9割引きのワゴンセールで投げ売りにされる運命をたどることになる。

危機的状況に陥った任天堂だったが、その虎口を脱するきっかけになったのは、すっかり時代遅れ扱いされていた「ゲームボーイ」用のソフト『ポケットモンスター』（〝赤〟・〝緑〟、後に〝青〟も登場する）だった。足掛け6年がかりの開発期間を経てようやくリリースされたこのソフトは子どもたちの口コミによってじわじわと売り上げを伸ばし、2年足らずの間に900万本に到達。キャラクター商品の波及効果は4000億円以上になった。ゲーム性の秀逸さもさることながら、ヒットの要因は有線ケーブルの通信機能を使った〝モンスター〟の交換にあった。ゲーム中に捕獲・成長させた〝モンスター〟たちを、友だち同士で交換するのだ。**対戦ではなく、交換というコミュニケーションエンターテインメント。**

ここにも、ひとり遊びだったRPGが変革期に突入したことを示す予兆があった。

付け加えれば、今この原稿を記している2016年7月現在。すっかり「妖怪ウオッチ」に人気の座を奪われてしまったかに見えた〝ポケモン〟陣営は、新手のスマートアプリとして『ポケモンGO』をリリース。世界的なメガヒットとなって、瞬く間に歴代1位のダウンロードを記録してしまった。

▼各ハードの明暗

話を戻すが、「3DOリアル」はスタートダッシュでつまずいた。

敗因は明白だった。〝マルチメディア〟という抽象的なイメージ戦略と、高額な価格設定が致命傷になった。通信機能を持たない「3DOリアル」がマルチメディアを語るなど、看板倒れもいいところだった。また、前年10月にアメリカでの先行発売では小売価格は700ドル。当時の為替レートでは8万円前後になる勘定だから、日本の発売価格も同じくらいになるのではないか。この価格予想が独り歩きをして、潜在ユーザーの買い控えを促した。結局、噂より大幅値引きの5万4800円で国内発売されたが、後の祭りである。また、具体的な面白さを伝えるゲームソフトも全くそろっていなかった。

ソニーとセガは、この失敗を複雑な思いで見ていたのではないか。「3DOリアル」が売れては困る。だが、売れな過ぎてはもっと困る。時代はバブル経済崩壊の頃であり、庶民の財布の紐は固かった。新興勢力の勘違いしたマーケット戦略によって、勃興して間もないゲーム業界そのものの市場規模が縮小していくことを何よりも恐れたはずだ。

ソニーは「スーファミ」発売前から任天堂に寄り添ってＴＶゲームの開発現場に参与してきた経緯があるために、ゲームづくりの方向性は熟知していた。明らかな勘違いで失敗したパナソニックからも、多くのことを学んだ。**この時代の家庭用ゲーム機はまだ、家電でもパソコンでもない**ということだ。ソニーは「プレステ」の販売価格を、大方の予想を大きく下回る３万９８００円に抑えた。ハードのＴＶコマーシャルには普通の小学生たちを起用。普通に遊んでいる姿を見せて、「…プレイステーション」という小さくつぶやく声をかぶせるイメージＣＭを採用した。ソフトはアーケードの人気作だったナムコの『リッジレーサー』や格闘ゲームの『戦神伝』などをラインナップ。３Ｄポリゴンの表現能力を見せつけた。ソフト価格も一律、５８００円に抑えた。

セガも、パナソニックの失敗にならって「セガ・サターン」のイメージ戦略を家庭用ゲームマシンらしい具体的な〝姿〟に決めた。イメージキャラクターにはコーンヘッドの土星人を起用。彼らによって造られた「サターン」が地球で売られるというシナリオだった。アーケードでヒットの続く『バーチャファイター』を中核に据え、それによってハードの優位性をＰＲした。ハードの価格は４万４８００円に決定され、ソフトは８８００円から５８００円まで、コンテンツによって差をつけた。「プレイステーション」と「サターン」は、「３ＤＯ」とは真逆にスタートダッシュに成功する。「プレステ」が30万台、「サターン」が40万台で、共に年内に初期ロッドは完売。年明け後もしばらくは買いたくても買えない状況のビッグヒットになった。幸か不幸かそのために、買い損ねたユーザーたちはその代替えに「ＰＣ－ＦＸ」や「プレイディア」などを購入したりもした。この時期だけ、いろいろな新規ゲームハード機が売れた。

そして95年の上半期において、竜に乗って戦うアクションファンタジーの『パンツァードラグーン』

プレイステーション（ソニー）

ニンテンドー64（任天堂）

セガサターン（セガ）

やレースゲームの『デイトナＵＳＡ』などのヒットに支えられて「サターン」が先にミリオンセラーに到達する。ぞくぞくと参集してくるサードパーティに支えられて、少し遅れて「プレステ」もミリオンを達成。出遅れた任天堂はこれまでの玉座から失脚していき、家庭用ゲーム機は**本格的な３Ｄポリゴン時代**を迎えていた。

▼ソニーとセガの違い

本体の発売以前から、ソニーはサードパーティに対して積極的なラブコールを送っていた。**「プレステ」の成否はサードパーティの協力によって決まる**ことを熟知していたからだ。彼らはソフトハウスのエンジニアのために講習会を開き、直接・間接的に技術支援を続けていた。加えて「プレステ」は、ポリゴン処理の専用チップを搭載していたこともあって、比較的容易にエンジニアたちは新しい技術を吸収していった。それまで２Ｄ系ゲーム開発が主流だったソフトハウスにとって、この支援体制は大いに役に立つことになる。

一方のセガは、相変わらず**保守的な技術集団的な側面**をもっていた。32ビットCPUを直列したような構造の「サターン」は高速画像処理を可能にする優れたハードだったが、それを操るソフトの開発はハードルの高いものになった。移植された『バーチャファイター』はアーケードと変わらない秀逸な仕上がりになっていて、ファンのみならずゲームソフト開発のエンジニアたちを驚愕させた。彼らをして、ほとんど魔法のようだとさえ言わしめたほどの技術だった。セガの技術陣の高さに感心する半面、同じレベルのものを作る困難さに嘆息していた。しかしセガは、ソニーのように新しいポリゴン技術をサードパーティに公開したりすることはなく、オリジナル技術として抱え込んだ。

発売開始直後から出荷台数の多かった「サターン」よりも「プレステ」での開発を決めたサードパーティが、時が過ぎるごとに多くなっていった理由はこうした事情による。また、ひとつのソフトを開発して「プレステ」と「サターン」用として同時発売するソフトハウスサイドの**マルチプラットフォーム戦略**も、この頃あたりから採用されるようになっていった。双方ともアーケード基盤並みの処理能力を有するハードだったことが、ソフトハウスにとっては幸いとなった。

4 失われた絆を取りもどす

▼分断されていたデジタルゲームの世界

アメリカの研究室でデジタルゲームが誕生してから暫くして、ゲームセンターに最初のデジタル筐体が置かれたのは70年代初頭だった。すぐに家庭用ゲーム機もリリースされ、アーケードと家庭を結び付けるデジタルゲームの小さなマーケットが誕生した。

この頃、**アーケードとコンシューマーは仲良し兄弟のような関係**だったのではないか。

コインで時間を買うとか、モニターに大小の差があるなどという違いはあった。だが、アーケード用もコンシューマー用もゲーム内容は比較的単純で、またほとんど同じものだった。アタリ社がリリースした「ポン！」に象徴されるような、どれも小さな四角型のドット〝ボール〟を打ち合う類のものだった。村上春樹の小説ではないけど〝1973年のデジタルピンボール〟と言ったところか。

ベトナム戦争後の不況下でありながらも、アーケードと家庭用ゲーム機の相乗効果によってデジタルマーケットは徐々に拡大していく。ブームの牽引役はアタリ社だった。

この新たなアミューズメント産業勃興の余波は日本にも到来したが、残念ながらさざ波程度の影響だった。71年8月、ドルショックの勃発により日本円が変動相場制に移行した。1ドルが360円だったレートは、300円台にまで急騰した。更に73年には第一次オイルショックの嵐が吹き荒れ、日本経済は戦後初のマイナス成長に落ち込んだ。電子玩具に数万円もの大金を使える余力など、一般家庭にある筈がなかった。

日本のデジタルゲーム分野において、大きな変化が生まれたのは、『スペースインベーダー』の誕生以降のこと。この頃、超円高による製造業の危機的状況を乗り切った日本経済は、暗闇のトンネルをようやく潜り抜けた時期である。『スペースインベーダー』のメガヒットでアーケードの関連企業にも莫大な資本が流れ込み、ICチップの進化と普及が後押しした。結果、アーケード筐体は劇的な変革の波に晒されていくこととなる。

この時の資本の蓄積が、各社の家庭用ゲームハードの開発につながっていった。

そして、技術的に先行するアーケードゲームを、家庭用ハードのソフトが追いかける図式が出来上がった。80年代初頭では、アーケードのヒット作を、どれほど上手く家庭用ゲーム機のソフトとして移植できるかが最重視された。それによって、家庭用ハードのシェアが決まった。だから当然、どれほど頑張っても、家庭用ゲーム機が質的にアーケードゲームに追いつくことはあっても、追い越すことはできないものと考えられていた。

高額なコンピュータの先端技術を搭載した筐体は、体感機能や画像処理能力において家庭用ゲーム機を圧倒していく。コスト的な事情からCPUの能力が限定された家庭用ハードにとって、対抗策はコストをかけずに面白いゲームソフトを開発するしかなかったのだ。金の代わりに知恵を使って。ハードスペックに頼る代わりにゲーム性に拘って。そうして誕生したTVゲームが『スーパーマリオブラザーズ』であり、『ドラゴンクエスト』だった。

コンシューマーサイドのメーカーはハードソフト共に、アーケード作品に追従するよりも、家庭用ハードならではの作品作りに舵を切った。

一方のアーケードサイドも、進化を続ける家庭用ハードとの差別化を図るため、よりハイスペックで、体感機能も搭載する筐体のリリースに重きを置くこととなっていった。急速なパソコン市場の発展は高性能化と低価格化を実現し、これが家庭用ハードに波及するのは時間の問題だった。アーケード側にとっても、コンシューマーとの差別化を図ることは急務だった。セガによるアーケードの家族向け遊戯場化も、その志向性を担った結果だ。

80年代後半は、こうした**アーケードとコンシューマーの差別化志向が顕著に表れた時期**である。同じ時代に生まれ、互いに力を合わせるように成長を促してきたデジタル市場を、時代の流れが異なる2つの分野に切り分けてしまった。

▼再び繋がるゲームの世界

『ストⅡ』の登場が、アーケードとコンシューマーに分断されたデジタルゲームの絆が再び結び直されたというのはいい過ぎだろうか。ゲームの楽しさの本質は、人と人との競い合い、あるいは誰かと協力し合って目的を遂げること。80年代以降、ひとり遊びのアイテムとして進化を続けてきたコンシューマーマシンとそのソフトは、紆余曲折の果てに、ついに**さまざまなプレイヤーを電脳遊戯の異世界に誘うポータル**に生まれ変わった。

アーケードのヒット作は、レース系であれ格闘系であれ、その多くが対戦型のゲームになった。アーケード筐体の表現能力と同じ性能を持つに至ったコンシューマー機もまた、アーケードソフトと同様に人と対戦するゲームが主流になっていった。

この傾向は世代交代ごとに拍車がかかり、21世紀を迎える頃には通信機能を搭載することが必須となった。プレイヤーにとっての競争相手だったプログラムキャラクターは最前線を退いて、戦場を管理するホスト役に変わっていく。

ひとり遊びの砦だったRPGのジャンルさえ、通信機能による多人数プレイが主流になっていった。80年代からSF小説の中で記されてきたサイバースペースの冒険譚は、もはや〝現実の虚構〟になってしまったようだ。

第5章 次世代機の先駆者

ここで一度時間を巻き戻し、次世代機発売前の状況から見ていこう。

1 3DOの登場と次世代機の幕開け

1993年になると（スーパーファミコンから見た）次世代機という言葉がよく聞こえるようになった。これは3DO社がアメリカで起業し、新しいゲーム機の規格を発表したことが発端といえる。

この頃の日本は、家庭用ゲーム機の種類が増え、ソフト価格が暴騰している状態。アーケードでは対戦格闘ゲームが隆盛を極め、新規稼働するゲームの大半がこのジャンルとなっていた。

家庭用ゲームは、堅調に推移するRPGとアーケードからの移植モノが多かったが、ROMカセットによる容量制限の前に一つの限界点が見えていた。大容量媒体のCD－ROMを採用していたゲーム機はリリースから年月が経過しており、容量ではなくハードウェアの性能限界を迎えていた。

そうした中で3DOの規格は、新しい高性能なゲーム機の登場を確実に予感させてくれた。

3DOといわれると、松下電気製のゲーム機が真っ先に浮かぶことだろう。これは厳密には間違いである。

3DOは規格名であり、この規格を採用した松下電器製ハードウェアが3DO REALというのが正解だ。3DO規格を用いたハードウェアは他社からも販売されている。

3DO社はハードウェア規格を制定するのみで、自社でのハードウェア開発は行なっていない。規格をライセンスとして卸し、ロイヤリティを徴収するというビジネスモデルを採用した会社となっている。

このロイヤリティビジネスは、当時強大なシェアを誇っていた任天堂より低価格で、北米では任天堂と肩を並べていたセガのロイヤリティよりも安価に設定されていた。ロイヤリティにかかるコストを下げることでサードパーティーの参加を促し、ビジネスを展開しようと考えていた。

さらに3DO規格はスーパーファミコンやメガドライブと比べて格段にハードウェアの性能が上がっており、既にアーケードで注目を集めていたポリゴン技術を扱うだけの能力を持ち合わせていた。

媒体もCD-ROMを採用し、容量問題も解決されていた。

▼食い違う販売戦略①プロモーション

初動における3DOのサクセスロードは素晴らしいものだったと感じる人は多い。だが、残念ながらその後が不幸だった。

ハードウェアのプロモーションを引き受けたのは松下電器で、ゲーム機販売は初めてのことだった。プロモーションでは特に「マルチメディア」という言葉が多用され、次いで「インタラクティブ」というキャッチコピーのみが強調されていた。

特に致命的なのはマルチメディアというキャッチコピーだ。当時から20年以上経過した現在でも、この言葉の意味を説明できる人はいないのではないかと思わされるほどに曖昧なコピーであった。

この曖昧な言葉も、発売されるソフトで理解できれば理想的だったのだが、3DOはこれに失敗する。

3DO REALのローンチタイトルは6本あるが、どれもゲーム性に乏しく、動画再生が強調された内容だった。

この傾向は特に有名版権物のゲームで顕著に表れている。プリレンダリングムービーの質はたしかにこの当時としては高品質であった。しかし、この高品質なムービー表示を使ったゲームの内容はというと、プレイヤーは単にベットするだけで、その後ランダムに選ばれた動画を見るだけというようなものが多かった。

その他のタイトルも他機種で発売されているゲームを3DO REAL用にしただけの物や、ピンボールのような代替えの効くゲーム、多少の操作はあるがほとんどが結果を動画で見るだけの物などが本体と同時発売されている。

ハードと同時発売されるローンチタイトルは、本体の性能や可能性をユーザーが確認できるベンチマークソフトとして捉えられる。

特にこれまで聞き慣れないマルチメディアやインタラクティブといったキャッチコピーの意味や、次世代機に期待を寄せるユーザーは、このローンチタイトルとその付近で発売されるタイトルからこれらを推し量るしか無い。

この結果、3DOはローンチ（ハードの立ち上げ）に失敗することになる。

しかしこれには理由がある。3DO社が考えていたのは情報家電で、ゲーム機ではなかった。松下電器もこの方針に従いプロモーションを展開している。名称も家庭用ゲーム機ではなく「インタラクティブ・マルチメディアプレイヤー」と称していたことからも、この方針が明確に読み取れる。

だが、ユーザーは明らかに新しい家庭用ゲーム機として捉えており、この部分の温度差がローンチタイトルで表面化したと言っても問題ない。

本来であるならばプロモーションでこれらの認識を共通化させておく必要があるのだが、**キャッチコピーのみが先行した広告展開**は完全に失敗している。

▼食い違う販売戦略②ラインナップ

さらに不幸なのは、ローンチ以降に発売されたタイトルのラインナップだった。

３ＤＯ社はトリップ・ホーキンス氏によって設立されているが、この人物はエロクトロニック・アーツ（ＥＡ）創始者の一人である。この人脈からＥＡは３ＤＯのセカンドパーティーとして当初から動いている。

３ＤＯのゲームらしいゲームはＥＡがリリースする物に頼ることになるのだが、当時の日本では海外製ゲームは洋ゲーと呼ばれ、多くのユーザーは敬遠の対象としていた。

この頃の洋ゲーは良い意味でも悪い意味でも荒削りな内容で、ゲーム性としては特筆すべき内容を持っていた物も多かったが、遊びやすさの点では非常にハードルが高い物となっていた。

１９９４年の時点で、日本は間違いなくＴＶゲームの分野において質も量も世界一であったので、敬遠されるのも仕方がないことだった。

気の毒なのは、３ＤＯのゲーム部分はＥＡがリリースする洋ゲーが担っていたことだ。ゲーム機として売ろうとしたときに、**日本のユーザーが食いつくタイトルを用意できなかった**ことも見逃せない。

▼食い違う販売戦略③価格

その他の失敗要因としては価格も見逃せない。

国内での希望小売価格は７万９８００円と**非常に高額な値段設定**であった。実売は５万４８００円と２万５０００円安い価格となったが、それでも他のゲーム機と比べて高価であったことは否めない。北米では６９９ドルと国内よりもさらに高額で、ヨーロッパでは情報家電の扱いで輸出を行なったため、関税がさらに価格を押し上げている。

それでも次世代機と呼ばれるゲーム機が３ＤＯ ＲＥＡＬのみだった１９９４年６月から11月まではまだましな扱いだった。

11月末にセガサターンが４万４８００円で発売されることが発表されると、明らかに高すぎる３ＤＯ ＲＥＡＬにユーザーの食指は動かなくなっていく。

もちろん松下電器も手をこまねいて見ていたわけ

ではない。

セガサターンの発売を目前に控えた1994年11月11日には3DO REALⅡを発売し、価格も4万4800円に設定。この後発売されるゲーム機との戦闘態勢を整えている。

3DO参入を表明していた三洋電機から3DO TRYが1994年10月に発売されるなど、ライバル機の発売を目の前にして、プラス要因となるイベントも3DO陣営を後押しするかに見えた。

だが、この新機種と価格改定に関しては、ゲームメーカーとして老舗のセガが出す新ハードの情報や、新たに名乗りを上げた「技術のSONY」が送り出す新しいゲーム機の情報に負け、大きなアピールをすることはできなかった。

結果、ローンチの立ち上げにタイトル、価格ともに失敗した結果だけが残ってしまうことになる。

▼3DOの踏ん張りと末路

これらの失敗を踏まえ、3DOはゲーム機としての側面をアピールすべく動き出すことになるのはもう少し先の話だが、運良くサードパーティーがその流れを作ってくれている。

1994年11月13日、他の機種では発売されていなかったカプコン製の大人気アーケード移植タイトル『スーパーストリートファイターⅡX』の独占リリースを行なう。

アーケードで大ヒットしたゲームの独占リリースはユーザーの好反応を呼び起こす。

3DOとしては大ヒットの部類に入り、改めてユーザーはゲームを期待しているということを証明することになる。

残念なのは、矢継ぎ早にこれらの人気タイトルを投入できれば状況は変わっていたかもしれないのに、12月にナムコが『スターブレード』を発売しただけで息切れを起こしてしまったことだ。

次のチャンスは1995年の4月1日『Dの食卓』の発売を待つことになる。飯野賢治氏率いるワープの鮮烈なこのデビュー作は、インタラクティブムービーとしてハイクオリティなものであった。これがローンチタイトルとしてリリースされていれば、3DOのポジションは違ったものになっていたであろう。

さらに同年4月21日には、『ポリスノーツ・パイロットディスク』がコナミよりリリースされる。『ポリスノーツ』の制作者である小島秀夫氏は早い段階から3DO規格を支持しており、その言葉の通り最新作を提供している。本編は同年9月29日にリリースされており、こちらも3DOの中では大ヒットタイトルとなっている。

この後はというと、ゲームユーザー向けのビッグタイトルはなくなってしまい、それと同時に3DO市場は急速に縮小していく。これはセガサターンやプレイステーションが海外展開を本格的に開始した時期とも重なっており、純粋なゲーム機としてリリースされた後発機の前に膝を折ることになった。

年が明けた1996年になるとセガサターンとプレイステーションのシェア争いが激化していく。ここで両社が取ったスタイルは本体の低価格化とゲームソフトの充実だった。

この状況と逆の道を進む3DOは、1996年の6月28日に発売された「井手洋介名人の新実戦麻雀」を最後に国内のソフト開発は終了してしまう。

ここまで状況が悪化するに至って松下電器は本格的にゲーム機として3DOを育てるべく本腰を入れるが、遅きに失した行動と言わざるをえない。

松下電器はまず、3DO社より3DO規格の権利を買収。同時に3DOの後継機として予定されていたM2の権利も同時に買収する。

この権利取得はハード、ソフト共にロイヤリティが発生し続ける厳しい利益構造を改善する目的もあったのではないだろうか。特に3DO REALの本体価格が高止まりしていたのはロイヤリティを払い続けなければならない以上、一定以上の利益を確保できない価格帯まで下げることが困難であったことに由来する。権利を自社で取得することで、少なくとも本体価格は自由に設定することが可能になった。

この状況を踏まえ、1996年4月から**Panasonic M2**の名前で次世代の3DO本体プロモーションを大々的に開始する。発売は1997年4～6月あたりが予想されていた。

だが、既にユーザーの興味は3DOから失われていた。

M2の発表から2カ月後には天下の任天堂もニンテンドー64を発売し、激戦の渦中へ身を投じることになる。

こうなるといよいよ3DOそのものが過ぎ去ったハードとして見られ、M2のローンチタイトルとして発表されていた『Dの食卓2』もユーザーを牽引することはできなかった。

しかしこの逆風の中M2の開発は進んでいき、翌年の1997年にはプロトタイプの開発まで進んでいたが同年6月にM2の開発断念を表明することになる。

▼3DOの教訓

ゲーム機の歴史を語る上で3DOは軽く扱われがちだが、実は重要なポジションにいたと感じている。動画再生、ポリゴン処理など現在の家庭用ゲーム機でも用いられる表現方法をいち早く規格に取り入れた功績は評価されるべきであろう。

残念なのは、これらの機能を十全に生かしたソフトが用意できなかったことだろう。

本体の機能が飛躍的に拡張された現在であれば、ゲーム以外の使い方もゲーム機本体に持たせることができるが、この当時、本体の魅力は動作するソフトのみが表現する。ユーザーが求めるソフトが用意できなかったことは、最も大きな失敗要因だ。

同時に、この段階から**日本のゲーム市場が持つ特殊性が表面化**しているとも言える。その特殊性とは、あまりにも海外ゲームへの拒否反応が大きいことだ。これは現在では多少の改善傾向が見られるが、それでも海外ゲームというだけで興味を持たないユーザーは非常に多い。

現在は日本のゲーム市場が特殊性を持っているという認識を海外のゲーム会社が理解しており、あえて日本でのゲーム販売を敬遠するという状況も起こっている。

3DOは海外のゲームが主軸だったのだから、中心市場を北米に定めていれば結果は変わっていた可能性もある。

可能性を持ちながら拡大した世界規模のマーケットにおいて、**自分たちの商品が誰に対して訴求するのかといった視点**の大切さも、3DOの失敗は教えてくれている。

2 NECの失敗とその要因

1994年に3DO REALの発売をもって幕を開けた次世代機戦争。セガサターンとプレイステーションのシェア争いばかりに目が行きがちだが、NECも参戦していたことを忘れてはいけない。

この当時、NECはPCエンジンでスーパーファミコンに次ぐ国内2位のシェアを持っていた。CD ROMを扱い慣れており、大容量の使い方について最も経験値があったメーカーと言える。

そのNECも次世代機の流れに反応しており、PCエンジンの後継機としてPC－FXを1994年12月23日に発売する。

この次世代機の名前を知っている人は少ない。1998年6月にNECホームエレクトロニクスがドリームキャストへの参入を表明し、PC－FXの完全撤退が明らかになったときの本体販売台数は11万台と次世代機の中では最も少ない。

この失敗の要因を探っていきたい。

▼PCエンジンの次世代機PC－FX

PC－FXの開発は1992年あたりに始まった。

ＰＣエンジンは、システムカードと呼ばれるＣＤＲＯＭで使用するＲＡＭの拡張を繰り返し、対応を行なっていたが性能限界を迎えていた。

この当時、ＰＣエンジンはゲーム市場において美少女・アニメ系ゲームで確固たる地位を築いており、このノウハウを生かすべくアニメーション機能重視で進められている。

１９９２年頃からのゲーム市場は、対戦格闘ゲームのブームが到来。インベーダーゲーム以来の大ブームを巻き起こしていた。その中でセガはＭｏｄｅｌ１による『バーチャファイター』（１９９３年）を大ヒットさせ、ポリゴン処理技術を熟成させている最中でもあった。

このポリゴンの波は家庭用にも波及し、翌年の１９９３年2月には任天堂からスーパーファミコン用ソフト『スターフォックス』、7月にはゲームアーツからメガCD用ソフト『シルフィード』がポリゴン表示を売り文句として発売されている。

そう、**ゲーム業界の次世代機はポリゴンをコアテクノロジーとして使うであろうことをどのゲームメーカーも思い浮かべている時期**であった。

しかしＰＣ‐ＦＸの設計は、この流れと完全に逆行する形で進んでいた。それが判明するのは１９９４年5月のことである。

１９９４年5月はセガサターン、プレイステーションがハードウェアの仕様を発表しており、ＰＣ‐ＦＸもほぼ同時期に仕様の発表を行なっている。セガサターン、プレイステーションの仕様はユーザーもゲーム業界も想定していた内容に即しており、ハードコンテンツの違いはあれど、どちらもポリゴン処理を行なうことが可能な仕様となっていた。

しかし、ＰＣ‐ＦＸはポリゴン処理用のチップを搭載していないことがここで判明する。代わりに動画機能が強化されており、これによってワークステーション級のポリゴンを生かしたゲームをリリースできると雑誌などで宣伝していた。これはプリレンダリングされたムービーを使用することを指しており、セガサターンやプレイステーションなどのリアルタイムレンダリングされたゲームとは意味が異なる。

とはいえ、これはこの段階では致命傷とはなっていない。この頃のユーザーはリアルタイムレンダリングとプリレンダリングの違いは何かといった事柄をよく理解していなかったからだ。ポリゴンに対する認識はカクカクした立体が動くという程度のもので、これらの新技術に対するリテラシーがゲームユーザーの間でまだ形成されていなかった。

次世代機をポリゴン処理について大まかに分類するなら、**リアルタイムレンダリングのセガサターンとプレイステーション、プリレンダリングの3DOとPC－FX**と分けても良いだろう。

3DOもそうだったが、プリレンダリングムービーはプロモーションレベルでは非常に強力に作用し、国内第2位のシェアを生かして次世代機の一角を担うことは確実視されていた。

そして1994年11月22日にセガサターン、12月4日にプレイステーションが発売され、遅れること約1カ月後の12月23日に本体が発売される。

ローンチタイトルは3本。1本はPCエンジンのメインストリームとなっている美少女ゲームである『卒業Ⅱ ～ Neo Generation ～』。1本はPC－FXの動画再生機能を生かしたセルアニメーション動画で行なわれる対戦格闘ゲーム『バトルヒート』。最後はレンダリングされた3D背景を2D表示し、擬似的な3D空間に2Dキャラクターを表示するアドベンチャーゲーム『TEAM INNOCENT －The Point of No Return－』。

この3本はそれぞれに役割を持っていることが明確に受け取れ、PC－FXのハードウェア機能の表現を3つの分野に分けて制作されている。

しかし、PC－FXもローンチに失敗し、発売日からみるみるライバル機に水を空けられることになる。

▼NECの誤算

次世代機のローンチソフトの数を比べると、セガサターンは5本、プレイステーションは8本となっている。

そしてPC－FX本体が発売された日にはすでにセガサターンは8本、プレイステーションは17本のタイトルを揃えていた。

量だけ見てもPC－FXの本数不足は明らかだ。

さらに追い打ちをかけるのは、流行の読み間違いとユーザーの反応だっただろう。

セガサターンはローンチに『バーチャファイター』を投入、プレイステーションも『リッジレーサー』を発売している。どちらもアーケードで人気を博したリアルタイムレンダリングのフル3Dゲームだ。

セガとナムコはアーケードで初期からポリゴンのゲームを制作、リリースしているので技術力はピカイチ。その2社が渾身の力を込めてリリースしたタイトルということもあり、クオリティは折り紙付きだった。

どちらのハードを買った人も、このフル3Dで動くゲームに酔いしれた。明らかに今まで家庭用では体験できなかったゲームプレイであり、次世代の名にふさわしい興奮を与えてくれた。

この状況の中ではPC－FXのソフトは明らかに旧来のゲームの延長線上にあり、ファーストインパクトを欠いていることは明白だった。これにより、**2台目ないし3台目の購入候補に挙がるような興奮を与えてくれるハードウェアになっていないと**いうのがユーザーの反応だった。

また、ここで押さえておきたいのはプレイステーションの動きだ。

プレイステーション発売直後の1995年1月1日に、3D対戦格闘ゲームの『闘神伝』が発売される。元旦が発売日になっているので流通が動かないこともあり、発売日以前の年末にはもう店頭にソフトが並んでいた。このソフトの登場によりプレイステーションは『バーチャファイター』に対抗できる手札を揃えることに成功している。『闘神伝』は年末商戦の波に乗り、年が明けて流通が動き出すまで店頭では入手困難な状態を生み出すほどの人気を獲得している。一方セガサターンは年末にビッグタイトル投入の動きはなく、プレイステーションの前進を見過ごしていた。

初年度の年末商戦はプレイステーションの勝利といっても過言ではない。

この流れの中で、インパクトを与えるタイトルを投入できなかったことがPC-FXローンチ失敗の大きな要因と言えるだろう。

年が明けてもPC-FXに好転の材料はなかった。ローンチ3本に続くソフトは1995年の3月まで待たねばならず、この間にもセガサターンとプレイステーションはソフトを充実させ、2Dも3Dも遊べるゲームが増えていった。

このローンチから3カ月間もの空白期間があったことで、既に勝負は決してしまったといってもいいだろう。ローンチの失敗により参入するサードパーティーは二の足を踏み、負のスパイラルは加速していくことになる。

この時期に来て、ゲームのメインストリームがポリゴンに流れていることをNECは理解したと思うが、ハードウェアを発売してしまった後では手の打ちようがなかった。

NEC陣営はPCエンジンで確立していた美少女・アニメ系ゲームに注力することを決め、このジャンルに大きく舵取りをすることを明確にする。1995年5月に本体のイメージキャラクター「ロルフィー」を発表。8月には『アニメフリークFX Vol.1』をリリースし、コミックマーケットへの出展も行なう。しかしこのプロモーションはFXユーザーを美少女・アニメ系に特定する意味を発してしまい、一般層へのアピールを完全に失ってしまう。

さらに不幸な材料としては、PCエンジン末期に発売され、口コミによって人気を獲得していった

『ときめきメモリアル』の次世代機移植版が、10月にプレイステーションでリリースされたことだ。グラフィック、サウンドを大幅に強化し、UIの改善、バランス調整も加えられたこのタイトルは、リリースと同時に大きな反響を生み、大きなギャルゲーブームを作り出す。

美少女・アニメ系ゲームに明確な方針を打ち出したにもかかわらず、本体を牽引するようなキラータイトルが他のプラットフォームで発売されてしまったことで、PC-FXの存在意義そのものが揺らいでしまう。

ここで読み取れるのは、PCエンジンでは多数のゲームをリリースしていたコナミがPC-FXに将来性を見出していなかった点だろう。

この時期のプレイステーションは開発経験値を持っている会社がなく、コナミも例外ではない。今まで制作していた2Dのゲームで、移植なので企画の手間が不要となっても、開発に最低半年は必要だったと考えられる。生産と流通に2カ月程度の期間を要したと想定するなら、1995年初頭には開発がスタートしていると逆算できる。これは予想に過ぎないので、PC-FX本体のリリース直後か、開発期間がもっと長く取られていれば本体リリース前の時点で、コナミはPC-FXへの参入を考えていなかったことを示している。

『ときめきメモリアル』はプレイステーション以後、1996年2月にスーパーファミコン版、1996年7月にセガサターン版と続けてリリースされている。特に旧世代機であるスーパーファミコン版は、売りであったフルボイスを捨ててでも発売されていることを考えれば、次世代機として発売されていた3DOやPC-FXは市場評価としての価値が低かったことを示している。

本体発売から1年を待たずして、PC-FXの敗北は確定していた。

1995年にNECは組織改編を行ない、NEC

インターチャネルを設立。PC－FXへのさらなる注力を表明する。しかし、NECインターチャネルからPC－FX用ソフトが発売されることはなかった。

月に1～2本しかゲームが発売されない状況はそのまま続き、1998年4月27日、PC－FX最後のソフトである『ファーストKiss☆物語』をNECホームエレクトロニクスが発売。1998年6月にNECホームエレクトロニクスがドリームキャストへの参入を発表。同時にPC－FXからの撤退を正式に発表されたことで、PC－FXの歴史は幕を下ろすことになった。

▼PC-FXの新しい試み

悪い点ばかりが目立つPC－FXだが、新しい試みも行なっている。

1995年12月に「PC－FXGA」の販売を開始。この商品はPC－FX互換のパソコン用拡張ボードで、付属ソフトウェアを用いることで、PC－FXのゲーム開発が行なえるようになるというものだった。これはコミックマーケットに進出していたことを背景に、**市販ゲーム機で同人ソフトがオフィシャルに作れるようになる**ことを意味していた。

現在ではインディーズゲームが脚光を浴びていることを考えれば、この当時にハードメーカーがオフィシャルに発売した商品としてこれは画期的なアイディアだったと言えるだろう。商業主義に囚われないオープンなゲーム機の活用は、根付いていれば革命的になっていたに違いない。

PC－FXGAにはさらに、PC－FX本体には搭載されていなかった3DCG表示用チップが搭載され、ポリゴン表示に対応していた。これは特筆すべき点だろう。これによってリアルタイムレンダリング機能をPC－FXが持つことになり、プレイステーションやセガサターンと対抗できる性能を手に入れたことになっている。

残念なのは、PC－FXGAに合わせてPC－FX本体の新機種が発売されたわけではないので、本体性能がアップしたわけではないということだ。予想に過ぎないが、NECはPC－FXGAの売れ行きや同人ゲーム開発の状況によっては、PC－FX2のリリースも視野に入れていたのではないだろうか。

こうして失敗を改善した新しい環境をリリースし、今までにないゲーム機との接し方をすることが可能になる状況が生まれた。

だが、ここでも不幸がNECを襲う。

このPC－FXGAは当初PC－9800シリーズ専用の拡張ボードだった（後にPC／AT互換機用のボードも発売されている）。

PC－FXGAが発売された当時は、Windows3．1の大ヒットを背景に、1995年11月23日にWindows95が発売。こちらは非常に大きな社会現象を生み出すほどにヒットしていた。

このあたりから国内PCメーカーのパソコンはあまりにも高いという消費者の意見が見受けられるようになり、価格が安く高性能なPC／AT互換機の人気が上がっていくことになる。特にオタク系でPCを日常から使っているようなユーザーはPC／AT互換機へ手を伸ばしている。

ここでPC－FXGAの動作環境と、ターゲットに設定しているユーザーのPC環境のミスマッチが起こってしまう。

さらに大きな問題点として、PC－FXGAはプログラムを自作しなくてはならないので、高度な専門知識が必要になるということが挙げられる。

現在のインディーズゲームの発展は、開発環境の劇的な難易度下落にもある。ミドルウェアが発達し、専門知識をそれほど持たなくてもゲームが作れる環境が無料で整っている。さらにインターネットの発達で、制作しながら困ったときに情報をいくらでも入手することができる点も大きい。

こういった背景がない当時では、PC－FXGAは職業プログラマしか遊べないボードとして扱われてしまう。
市販ゲーム機本体を使ったオフィシャルな同人ゲーム開発という画期的な試みは、**早すぎた**という結果のみを残すことになる。

すべてのアプローチがユーザーや市場とかみ合わずに消えてしまったPC－FX。次世代機のローンチというハードメーカーが最もしのぎを削る時期においては、一つの間違いが命運を決してしまうことを教えてくれる。

3 開発者の受難

次世代機として発売された本体5種の内、最終的に生き残ったのはプレイステーション、セガサターン、ニンテンドー64の3機種となっている。本体をリリースした会社は市場を確保するべく、日夜必死に活動を続けていく。

家庭用ゲーム機の本格的な代替わりがわずかな期間で一斉に行なわれたことは、業界全体にも大きな変化を生むことになった。

ハードウェアの入れ替わりと同時に、**開発者の入れ替わり**が行なわれたことを語っている人は少ない。ここではその点について触れてみたい。

▼スーパーファミコンまでの開発者

ファミコンをスタートとして考えたゲーム開発者の主力はプログラマー、デザイナー、サウンドのみであったと言える。この3職全てが技術職であったことは言うまでもないが、ここでは特にプログラマーに焦点を当てていきたい。

ファミコンは制限の固まりのようなハードウェアだったので、この制限を技術によって乗り越える必要があった。そのため、リリースされるゲームのクオリティは**制作者の技術力がダイレクトに反映**され、会社ごとに技術差を生んでいた。それと同時に、**単にゲームを作るだけなら四則演算ができ、必要なプログラム言語が理解できていれば可能と言われていた時代**でもある。この状況はスーパーファミコンまで続き、腕にそれほど自信のないプログラマーも安定していたと言えるだろう。

スーパーファミコンまでは、プログラマーには圧縮技術が必須だった。ROMカセットは搭載容量を増やせば価格に反映されてしまうので、限られた容量に、なるべく大きな内容を入れるために必要だった。

さらにハードウェアの性能が低いこともあり、プログラム動作の高速化も必須といえた。ゲームは年々複雑化していくので処理量も増える。それを増える前と同じ性能のハードウェアで動かさなければならないのだから、プログラマーは常に高速化を考えてプログラムを組むことが自然になっていた。

この状況は次世代機の登場によって崩れ、プレイステーションと3Dゲームの台頭によって大きく変化することになる。

▼次世代の技術と前世代の技術

次世代機の特徴は何かといわれれば、フルポリゴンを使った3D技術が導入されたことに尽きる。フルポリゴンゲームの制作には数学や物理の知識が必須で、これがプログラマーにとって意外な障壁として姿を現す。

それまでフルポリゴンのゲームはアーケードを主舞台としており、数える程度のタイトルしかない。家庭用では一部のメーカーがリリースしていただけだったので、そのタイトルを制作するチームに配属されない限り、今までの技術で対応をしていけば良かった。

これが次世代機に世代交代をすることで、**3Dは、ゲームを作るためには全てのプログラマーが理解できなければならない技術に変化**する。次世代機への移行は技術の交代時期でもあった。

もちろん、スーパーファミコンまでのタイトルでも数学を使っている物は数多い。というより、技術力のあるプログラマーは昔から普通に使っているので、問題はなかった。

ここで問題になったのは、数学の知識を持たないプログラマー達だ。数学を使えないからといって無能なプログラマーとイコール化されるわけではなかった当時の現場からすれば、突然こういう知識が必要になったからといって、即時対応出来るわけではない。求められている知識は、中学・高校の必須科目であり、よりハイレベルな処理を行なおうとすれば大学レベルの数学知識が必要になる。

プログラミング言語を理解し、プログラムが組めるという技術はそれだけでも評価されていた。しかし、会社で働きながら自学自習で学ばねばならないことが一つ追加されたことになる。

スーパーファミコン以前のゲーム会社への就職は数学や物理が重視されていたわけではない。現在ほどゲーム会社の社会的な地位が確立していたわけではないので、好きな人間がゲーム会社を受験し、プログラム技術があれば良し。数学も知っていれば尚良しという風潮が色濃かった。知識としては電気系の知識のほうが評価された時代でもあり、一般的理系というより、オタク的理系の色が強かったゲーム会社は、高校あたりの勉強を苦手にしている人も多かった。

それでも次世代機がリリースされた直後からしばらくは、これらのことが問題にはならなかった。3Dゲームとほぼ同比率で2Dのゲームも制作、リリースされていたし、2Dのゲームは従来の技術で対応ができたからだ。しかし、この問題点を浮き彫りにするように、新しいゲーム市場の流れが厚みを増して広がっていった。

▼3Dゲームの台頭と開発者の淘汰

次世代機がリリースされて2年ほどたつと、ユーザーの反応に大きな変化が訪れる。**フルポリゴンのゲームが歓迎され、それまで主流であった2Dゲームが売れなくなっていった**のだ。この反応は問屋を通じて制作者の前に現れる。

当時、ゲーム会社でプログラマーとして働いていた筆者は、問屋廻りをしていた営業の人からこんな話を聞いたことを鮮明に覚えている。

営「ウチの今度出すゲーム、全然問屋が買ってくれないんだよ」

筆「結構定番のジャンルだし、ちゃんと作り込んでるのにですか？　見た目も買ってくれないようなレベルの物じゃないッスよ」

営「いやあ、そうなんけどさあ。最近の問屋はさあ、ゲームの内容を聞く前に2Dか3Dかを聞いてくるんだよ。2Dって答えると、それだけで発注してくれなくなるんだよ」

筆「内容はどうでも良くて、3Dだったら買ってくれるんです？（笑）」

営「笑いごとじゃなくて、その通りだから困るんだよ。あのタイトルも3Dで作ってくれてれば良かったんだよ」

このやりとりは会社によって多少の違いはあるだろうが、業界全体に行き渡っていた。2Dのゲームを出すなら、アーケードで大ヒットしたタイトルの移植であるとか、大人気シリーズのナンバリングタイトルであるなどの理由がないといけない状態にまで変化していた。

現在は2Dでも3Dでもゲームの内容、リリースするハードなどによって棲み分けられ、ユーザーは2Dだから買わないと言い出すことはない。むしろ、作り込まれた2Dのゲームは職人芸として認知されているフシすらある。だが、この時期はまるで新しい物以外は全てダメと言っているような３Ｄ偏重の空気が醸成されていた。

家庭用ゲームはユーザーとメーカーが直接売買を行なうものではないので、流通の問屋が買ってくれないと売り上げが立たなくなっていく。ここで会社が３Ｄ重視へ流れていくのは当然のことだろう。

その結果、**３Ｄ技術は必須のものとなり、それに対応できなかった開発者は数多く業界を去っていくことになった。**

現在のゲーム会社でも、ファミコンの開発経験を持った制作者は非常に少なく、現場レベルでは天然記念物レベルと言っていいだろう。スーパーファミコンの開発経験でも似たような状況で、技術的な問題だけではないが、古い開発者が淘汰されてしまったのは残念で仕方ない。逆にファミコンを経験している現職のプログラマーは、こういった最新技術にも対応できるだけの能力と自己練磨を繰り返してきた古強者といったところだろう。

技術が低いからといって、ゲーム制作者として失格なわけではない。ローレベルな技術で作られたにもかかわらず、丁寧で面白いゲームはいくらでもある。**技術偏重な空気は、そういったゲームまで淘汰してしまった事実は**知っておきたい。

現在では数学も物理もちゃんと理解し、技術レベルは高いが、面白いゲームは何かを理解していない制作者も増えてきている。ゲームは技術だけで面白さを表現できるわけではない。

第6章　家庭用据置機のさらなる世代交代

100万台以上の販売数差をつけられた状況では、ライバルを容易に追い抜くのは簡単なことではない。そう、シェア奪回のため、カンフル剤としての新しい家庭用ハードが期待されることになる。

1　セガ対ソニー

▼第6世代ゲーム機誕生の背景

1997年頃になると次世代機ハード戦争と呼ばれた激烈なシェア争いにも落ち着きがでていた。

それまで比較的優位に立っていたプレイステーション、ニンテンドー64という図式が明確になっていく。

ゲームのトレンドは3Dへとシフトし、3D処理が得意なプレイステーション優勢の状況は日増しに色濃くなっていく状態となっていた。

▼先手を打つセガ

プレイステーションとセガサターンが猛烈なシェア争いをしている時期は、まだアーケードゲームがホットな時期でもあった。

表現能力において家庭用ゲームより格段に高品質なゲームを提供でき、まだまだ人気のあった対戦格闘ゲームの対戦をするのであればゲームセンターへ足を運ばなくてはならず、ゲームファンの集まる場所として愛されていた。

ソニーと熾烈な争いをしている家庭用と違い、アーケードでのセガは多くのゲームファンを抱える大人気メーカーであり、その人気は不動のポジションを持ち続ける会社でもあった。技術力も確かで、「バーチャレーシング」の頃から3Dゲームの技術的な蓄積もあり、リリースされるゲームの信頼度は非情に高かった。

「バーチャファイター2」、「鉄拳」の大ヒットから格闘ゲームも3Dの洗礼を受け、アーケードリリースされるゲームにもポリゴンが用いられるタイト数が拡大していった。

3Dゲームではポリゴンの表示数が表示クオリティに大きく影響し、それはハードウェアの処理速度が向上しなければ対処しようがない。セガは「バーチャファイター」ではModel1、「バーチャファイター2」ではModel2とマザーボードの性能を向上させ、3D表現のクオリティを上げていることからも明白だ。

ここでは、1996年に「バーチャファイター3」という3D対戦格闘ゲームでデビューしたModel-3というマザー基盤について、セガの家庭用ゲーム機を探るポイントとして注目したい。

このModel3はModel2の正当進化版である。ポリゴンの処理能力が格段に上がり、シェーディングやテクスチャーマッピングの制限も緩和されて3Dの表現能力が格段に向上している。このポリゴン処理数向上と3D表現能力の向上は、現在のゲーム機の進化では定番の性能アップポイントでもある。

プレイステーションやセガサターンが販売されていた時期には、プレイステーションのアーケード互換基盤「SYSTEM11（NAMCO製）」、セガサターンのアーケード互換基盤「ST-V」があった。これらでリリースされるタイトルは互換性のあるハードウェアで動作していることもあり、移植が短期間で容易に行なうことができた。この家庭用ゲーム機との互換基盤というのはそれまでのアーケードゲームではなかったものでもある。

アーケードの高品質なゲームを家庭用ゲーム機に移植し、販売する。という流れはファミコン時代から確立されたものであり、アーケードゲームが家庭用ゲームより上位に位置していることを示している。ＳＹＳＴＥＭ11やＳＴ‐Ｖはこれを壊すものであり、家庭用の（専用アーケードゲームと比べて）低品質なゲームをゲームセンターに置くことにもなる。

Ｍｏｄｅｌ３はこれらの互換基盤と一線を画し、業務用専用として汎用ＩＣをふんだんに使ったハイスペックなものとなっている。

Ｍｏｄｅｌ３がリリースされた１９９６年にはドリームキャスト本体の開発がスタートしている。ドリームキャストのローンチタイトルとして投入されたのが『バーチャファイター３ｔｂ』だったことから見ても、**ドリームキャストの原型がＭｏｄｅｌ３にある**と考えるのが妥当だろう。

これらの状況を背景にして、他メーカーに先駆けて１９９８年11月27日にドリームキャストがデビューを果たすことになる。

▼先見の明がありすぎたハード

「セガは10年未来に生きている」。コアなゲームファンはセガをこう評している。セガマークⅢは既に後方互換を備えており、メガドライブではモデムユニット（別売り）を使用して通信対戦（専用ソフトのみ）だけでなく、専用ゲームをダウンロードできるゲーム図書館というサービスも行なっていた。

これら先進的な考え方はアーケードでリリースされるゲームに顕著に表れており、その考え方が技術によって表現された時に、ユーザーの度肝を抜くことになる。

この、ある意味でセガらしい先進的な姿勢の集大成がドリームキャストと言えるだろう。その一つの証明が**標準でモデムユニットを装着している**ことである。

ドリームキャストが発売された１９９８年という年は、Ｗｉｎｄｏｗｓ98（日本語版）の発売日が８

月25日であることを考えるとわかりやすい。世の中のパソコンでＷｉｎｄｏｗｓを使っている人の大半が、まだＷｉｎｄｏｗｓ95だった時代にドリームキャストは発売している。

この頃のインターネットはモデムを使ったダイヤルアップ接続が主流であった。ホームページとは何か説明できないのが一般的で、それどころかインターネットが何なのかも知らない人もそれほど珍しいわけではなかった。これからの情報社会はインターネットが必須という言葉だけが一人歩きしていたような頃である。

ＰＣ用のモデムは外付けで1万円前後するものが一般的だった時期だ。ドリームキャストの、モデムが標準で付属して定価２万９８００円というのは、それだけでも驚異的な価格だった。

さらに専用ブラウザソフトが付属し、インターネットを見るためのハードウェアとして考えるのであれば、確実に最安値を付けられるデバイスであったことは明白である。

執筆している２０１６年現在では、これらの機能は（モデムからＷｉ-ｆｉへと多少姿を変えてはいるものの）携帯用ゲーム機であっても標準装備になっている。**ネットワークとゲームの融合**を１９９８年で予見しているのはさすがセガと言わざるを得ない。

惜しむらくは、先見の明がありすぎた点に尽きる

ドリームキャスト（セガ）

だろう。

▼第6世代家庭用ゲーム機の特徴

このように、ドリームキャストはゲーム専用機としての魅力だけでなく、モデムを標準装備することで気軽にインターネットを楽しめるという付加価値を加えてきた。

スーパーファミコンに代表される第4世代機からプレイステーション、セガサターンに代表される第5世代機への進化は、ゲームとしての機能が強化されているだけである。

ドリームキャストが切り開いた第6世代機は、ゲーム機能のさらなる強化に加えて、**ゲームの機能以外の付加価値**を持つという特徴を持つことになる。これは見方を変えればゲーム機は一般家庭において市民権を得るための第一歩と考えられる。**ゲームをプレイするときだけ出してくる機械から、常時TVの横に置きっぱなしにされる機器へと進化**しなくてはならないポイントに家庭用ゲーム機が差し掛かっていることを示したといえる。

▼苦境に陥るドリームキャスト

こうして他のゲームメーカーに先駆けてドリームキャストを送り出したセガ。本体発売前の広報展開は反応も良く、スタートダッシュを決められるかと思いきや不運が襲う。

ドリームキャストはグラフィックエンジンにＰｏｗｅｒＶＲ２を採用し、セガサターンが苦手としていた３Ｄ表示能力を大幅に強化。万全の体制で市場に投入する予定だったが、このＰｏｗｅｒＶＲ２の開発が遅れ、発売日に予定していた十分な量を確保することができなかった。

これは致命的で、当初発売予定日だった11月20日を１週間延期し、**初回出荷量の大幅削減**という事態を招くことになる。

それだけでなく、このチップ開発の遅れはローンチタイトルの開発にも大きく影響を及ぼし、本体同時発売を予定していた**キラータイトルの多くが発売**

延期せざるをえない状況にまで発展した。

1カ月後にはクリスマス商戦を控えていたが、チップの確保は遅々として進まず、本体の増産も叶わない状況のまま時は過ぎていった。

ソフトのほうは『バーチャファイター3tb』『セガラリー2』『ソニックアドベンチャー』といったセガの看板タイトルを集中的に投入したが、本体増産の遅れが足を引っ張り思ったような成果を上げることができていない。

年が明ける1月にはN64の『大乱闘スマッシュブラザーズ』、さらにその1カ月後にはプレステからは『ファイナルファンタジーⅧ』の発売を控え、ライトユーザーの関心がそちらに向いたことも不幸な点であったと言える。

年は明けて1999年3月2日に開催された「PlayStation Meeting 1999」で次世代機プレイステーションという形で**プレイステーション2**が発表される。ここではナムコ、スクウェアのデモが流され、否が応でも期待させられるお披露目となった。特にスクウェアは1ヶ月前に発売になったばかりの「ファイナルファンタジーⅧ」からヒロインであるリノア・ハーティリーのダンスデモを披露。直近に発売された大人気タイトルを使うことで、ハードウェアの進化を強く印象づけることに成功している。

さらにユーザーを驚かせる**プレイステーションとの後方互換**の確保もこの時に発表されている。この機能を持たないドリームキャストにとっては、致命的な一打となったことは言うまでもない。

ファミコンからスーパーファミコンへ進化したときに後方互換は確保されていない。この頃はゲーム機が新しい物に変わるのだから、前の物は使えなくて当然という意識が一般的だった。カセットの形状も全く違う物だったので、完全に別の物を使っているという意識を持ってユーザーも接していた。

逆にセガは、スーパーファミコンとライバル機になるメガドライブでも後方互換を行なっていた。これは別売りされていた「メガアダプタ」という商品で、本体発売と同時に販売されている。これを使うことによってセガ・マークⅢとマスターシステムのゲームがメガドライブでも動作するようになる。

このメガアダプタの投入理由は、ローンチ時のソフト不足を補う目的であったのが明白である。メガドライブのローンチタイトルは2本のみで、1カ月後に1本、2カ月後に1本と（現在と比べるのは問題があるが）明らかに足りていないことがわかる。後方互換用のデバイスを利用することで、初期のゲーム不足を補うと共に本体買い換え後の安心感を提供しようとしていたと考えられる。

▼後方互換をできなかったセガ、できたソニー

ドリームキャストの敗因では、この後方互換がなかった点を第一に挙げる意見が多い。

なぜドリームキャストには後方互換の機能を付けなかったのか？　理由は2点ほど挙げることができる。

第一に、**家庭用ゲーム機の世界では後方互換は一般的でないという認識があったこと。**ドリームキャストが発売するまでに販売されていたセガ製以外の家庭用ゲーム機で後方互換を持つものはない。新しいハードウェアでは古いソフトが動かないことが当然で、それをユーザーも受け入れていた。

事実、プレイステーション2が後方互換を発表するまでは、ドリームキャストでセガサターンのゲームが動かないのはなぜだろうと考えるユーザーは皆無だったと言っていい。プレイステーション2が発表されるまではこれが敗因になるとは考えられないくらい、後方互換は珍しい機能だったと考えられる。

第二に、**セガサターンのハードウェア上の問題点**が挙げられる。

セガは業務用基板も自社で設計する老舗のアーケードゲームメーカーでもある。セガはハードウェア設計には他社の汎用ＩＣを多用して設計するという特徴を持っている。この他社からの多数のＩＣを用いることはコストカットの面で問題があり、さらに集積を行なってワンチップ化することが困難であ

ることが指摘される。

極論的には、ドリームキャストに後方互換を持たせようとすると、セガサターンのハードも一緒にくっつけなければならないということになる。

プレイステーションの後方互換についても同様の考え方ができる。事実、プレイステーション2の後方互換は、内部にプレイステーションが本当に入ることで実現している。

これができた要因は、プレイステーションのハードウェアはソニー自社で独自設計したものが多く、他のICもカスタム化したものを使っていた。これにより、プレイステーションは型番が大きくなるほど再集積化とカスタム化が繰り返されたICが使われ、部品点数はどんどん減っていくことになり、大幅なコストカットにも成功。ハードウェアを販売するだけで黒字を出せるところまで行き着いている。

この差は大きく、セガサターンはコストカットしにくい状況を引きずり続けたまま、ライバル機との価格競争を続けることにもなっていた。

ドリームキャストの本体価格を見ても、コストカットしにくいセガサターンの機能を追加するわけにはいかなかったと見るべきだろう。

こうしてプレイステーション2の詳細が発表されたことで、ドリームキャストはさらなる苦境に立たされることになっていく。

1999年の最初の半年でドリームキャスト用に発売されたタイトルは31本、後半の半年では82本と前半の倍以上に増えている。しかし、プレイステーションは1999年の1年間で627本ものタイトルが発売している。ハードウェアの普及数も本当に1桁違う差があり、ソフト不足というだけで説明できるような状況ではなかった。

このタイトル数の差にも、後方互換の要素が強く影響している。

ユーザー側の視点からすると、来年にプレイステーション2が出ても、今買ったゲームは同じように動くのだから買ってもずっと遊べる。という安心感はとても大きい。

メーカー側からすれば、今作っているゲームはプレイステーション2でも動くのだから、次のハードに備えて買い控えされない。という安心感が働いていただろう。

事実、セガサターンはドリームキャストが発売された翌年の1999年には年間で16本しかリリースされていない（1998年は215本）。

このユーザーとメーカーの一致した見解が、新しいハードを発表したにもかかわらず市場が減速することがなかったソニーの思惑通りといったところだろう。

逆にドリームキャストは、面白そうなゲームは発売本数に比例して見つかることが多いので、もっとソフトが揃ってから買えばいいという思考に行き着くユーザーが想像以上に多かった可能性が高い。これらの数字はそれを証明しているのではないだろうか。

こうして1999年は暮れていく。

▼プレイステーション2の発売とDVD採用の成功

明けて2000年3月4日にプレイステーション2の発売を迎えることになる。SCEは初日に97万台を出荷したと発表し、マスメディアの報道も手伝って大フィーバーとなった。

初日の段階でライバル機だったドリームキャストとの明暗はある程度分かれてしまっている。しかし、それをはっきりと確認できるのは約2週間後の3月17日になる。

プレイステーション2の勝因の一つはメディアにDVDを選択したことも挙げられる。ドリームキャストがインターネットを付加価値としていたように、プレイステーション2は**DVDプレイヤー機能**を付加価値とした。

2000年当時、標準的なDVDプレイヤーは5万円前後のものが多く、入門機であれば2～3万円程度の価格で販売されていた。定価3万9800円のプレイステーション2はDVDしか見られない

プレイステーション２（ソニー）

専用機と比べて、最新のゲームも遊べ、プレイステーションのゲームも動くとあってお得感を感じたユーザーも多く存在した。

逆にインターネットを付加価値にしたドリームキャストは、通信という特性上、社会インフラに依存する部分が大きく、今ひとつユーザーの心をつかめないままこの時期を迎えている。

ＤＶＤは手軽なメディアとしてだけでなく、ビデオよりも綺麗な映像を見ることができる次世代メディアとして脚光を浴びていた時期でもあった。レンタルＤＶＤなどの環境も整っていたこともあり、ユーザーにＤＶＤ再生機能は魅力的に映っていた。

３月17日に大ヒットした映画『Ｍａｔｒｉｘ』のＤＶＤが発売されると、ＤＶＤと一緒にプレイステーション２本体を購入する人が爆発的に増えた。これはまさにＤＶＤプレイヤーとしてプレイステーション２を使う人たちであり、ゲーム機の付加価値によってハードを購入するという今までとは違った売り方に成功した事例だろう。

一方で、インターネットのプロバイダ契約と同時にドリームキャスト本体を購入したという話は残念ながら聞いたことがない。

第６世代ゲーム機の明暗は、ゲーム以外の付加価値でも大きく差を生むことになっている。プレイステーション２の成功は、**ゲーム機がもはやゲームしか遊べないものでは成功しない**ということを考察させてくれる事例となっている。

ドリームキャストはプレイステーション２に対抗すべくさまざまなサービス、色とりどりのゲームをリリースするが、２０００年下半期には30万本以上売り上げるタイトルが皆無という事態まで悪化が進んでいた。

２０００年末商戦も不振は続き、明けて２００１年1月31日にセガは家庭用ゲーム機事業からの完全撤退を正式発表する運びになった。

この時点で第6世代ゲーム機はプレイステーション2のみとなる。セガは今後のゲームソフトをプレイステーション2などの他社プラットフォームでリリースを続けると発表したことも手伝って、普及への追い風となっていく。

2 後塵を拝する任天堂

▼国内メーカー最後発ハード・ゲームキューブ

ドリームキャストで先手を打ったセガと、それに続くソニーがあたらしいシェア争いを繰り広げている頃、任天堂はそれに遅れる形で動いていた。

最初に大きなアクションがあったのは１９９９年5月12日のことで、開催中のE３会場でNOA会長がドルフィンについて説明している。同時に日本では山内溥社長（当時）が松下電器との提携を発表している。

このタイミングはドリームキャストの発売から半年後のことであり、プレイステーション2の発表から2カ月後であった。劣勢を強いられていた家庭用ゲーム機のシェアを奪回すべく、早い段階から任天堂が動いていたことがわかる。この時点では

2000年年末の本体発売を予定していた。

しかし、次のアクションは1年以上経った2000年8月24日になる。幕張メッセで行なわれたプライベートショウ「NINTENDO SPACE WORLD 2000」で正式な名称「**ゲームキューブ**」と外観のお披露目、ハードウェアの詳細な仕様を発表している。

松下電器との提携は採用メディアに生かされており、任天堂製の家庭用ゲーム機では初の光メディアを採用している。

ニンテンドー64の開発環境が劣悪だったことを踏まえ、サードパーティーの開発環境も大きく改善させた。ピーク性能ではなくゲーム開発で使える実効性能を重視したことも重要なポイントとなっている。

既にドリームキャスト、プレイステーション2と発売された後だったこともあり、ハードウェアの性能だけで見れば高スペックとなっている。

ゲームキューブが勝つための準備は整えてあったはずだが、しかし結果は惨敗となってしまう。

▼遅すぎた発売

ゲームキューブの敗因はいくつも考えられる。その代表は**本体発売日が2001年9月14日と遅すぎたこと**が第一に挙げられる。これはニンテンドー64の失敗と同じことを繰り返すことになった。

ニンテンドー64は当時、第5世代ゲーム機の本命と見られていた。スーパーファミコンで大半のシェアを握っていた任天堂がリリースする新型機なのだから、誰しも思うことだっただろう。

しかし、度重なる本体発売が延期され、ライバル機よりも1年半以上遅れての登場はすでに取り込むべき市場をプレイステーションとセガサターンに奪われた後だった。セガはスタートダッシュに成功し、1年前の95年6月には100万台キャンペーンBOXを販売していたし、その後プレイステーションは巻き返しに成功。96年6月には本体出荷数270万台を超えるところまで成長している。

この時と同様の状況が起こり、プレイステーション2では2001年1月25日にPS2用ソフト初のミリオンセラーとなる『鬼武者』がリリースされており、7月19日には『ファイナルファンタジーX』が発売。200万本以上を売り上げ、PS2用ソフト初のダブルミリオンを達成している。

ソニーの2001年度第2四半期連結業績発表では、本体出荷数は462万台（前年同期は98万台）。ソフトの生産出荷本数についても2270万本（前年同期340万本）と飛躍的な成長を遂げている。

同時に興味深いのは、プレイステーションのソフト生産出荷本数は1900万本。前年同期の4000万本から大幅減少している。これは数字から見てもユーザーがプレイステーション2へのシフトが速い速度で進んでいることを示している。

既にセガが家庭用ゲーム機事業から撤退を発表していたこともあり、ゲームキューブのライバルはプレイステーション2に絞られるが、その相手がこれだけシェアを積み上げた後では時既に遅しという感が拭えない。

▼独自規格メディアの落とし穴

ゲームキューブは新しく光メディアを採用したことで、ROMカセットを使っていたニンテンドー64の後方互換を放棄せざるをえなかった。これはライバル機であるプレイステーション2にある機能が、ゲームキューブではないというネガティブな要因を生んでしまっている。

さらに、採用された光メディアは8cm光ディスクということも、よりネガティブに働く一因である。

プレイステーション2は一般的な12cmDVDを採用しており、これによりレンタルDVDなども再生可能なプレイヤーとしての機能を持っていた。

ゲームキューブに採用された8cm光ディスクの大きさはシングルCDと同じである。これはDVDの規格に若干の変更を加えたものである。ゲームキューブはこの8cm光ディスクに合わせてドライブが設計されているので、もちろん12cmDVDは入らない。

つまり、ＤＶＤが再生できないということになる。結果として、ゲームキューブは付加価値を持つ機能を持たないゲーム機として登場することになる。

この**付加価値を持たない純粋なゲーム機**というのは任天堂の気骨を表すものと言っても差し支えないだろうが、ユーザーの目には2つを比べて機能が2つ少なく1万円安いゲームキューブか、機能は全てあるが1万円高いプレイステーション2かという悩みを持つことになる。

しかし、この悩みも2カ月後の２００１年11月29日にプレイステーション２の本体価格が2万９８００円に改定されると、自然に選択肢はゲームキューブから離れていくことになる。

その後もＳＣＥと任天堂は値下げ合戦を展開し、本体のみならずコントローラーやメモリーカードなどの周辺機器まで値下げ対象は広がっていく。

▼コピー対策としての独自規格メディア

任天堂が８㎝光ディスクを選択した理由は何だろうか。これは第5世代ゲーム機で顕著に表れた**コピー問題**が要因の一つとして挙げられる。

家庭用ゲーム機のコピー問題は根深く、ファミコン時代にもコピー問題は存在していた。ＲＯＭカセットのコピーもあったが、コピーの割には単価が高く、価格面から実用的ではなかったこともありそれほど大規模な問題には発展していない。

むしろ任天堂が危惧を抱いていたのはディスクシステムのほうである。

ディスクシステムは技術的な仕様としてはミツミ電機が開発したクイックディスクを使用し、ディスクを覆うプラスティックジャケットの形状を独自の物に変更することで物理的に市販のクイックディスクドライブに挿入できないようにしたものである。

しかし、ジャケット形状にさえ対処が出来ればコピーは容易であり、アンダーグラウンドな内容を取り扱う雑誌でもコピー方法が紹介されていたほどであった。

スーパーファミコンの頃には、ROMカセットのコピーは、専用の機器を用いなければならなかったが、システム化され、非常に容易であった。コピーデータも価格が下がり、扱いも容易なフロッピーディスクになったことで誰にでも扱えるレベルにまで下がっている。発売日にソフトを購入、コピーをして即座に中古販売店に売るというようなコピーユーザーもいたほどである。

プレイステーションとセガサターンもコピー問題には非常に悩まされた。

媒体にCD-ROMを採用していた以上、仕方がなかった。パソコンの価格はWindows3.1の大ヒットを受け、Windows95の登場でさらに下がったこともあり、CDドライブがPCにはほぼ確実に搭載されていた。書き込みのできるCD-Rドライブと比較すれば、技術的な仕様はほぼCD-ROMと同一。家庭用ゲーム機にとっては、大きな問題となった。

このことはソニー、セガともにわかった上でメディアの採用を行なっており、それぞれ違うコピー防止プロテクトを施していた。

しかしコピーユーザーはゲーム機本体の改造という形でそれを乗り越えてくる。

プレイステーションはコピープロテクトを回避する専用のIC（MODチップと呼ばれる）を本体に取り付けることによってプロテクトを回避。セガサターンも同様の手法でプロテクトを回避されていた。どちらも半田付けが必要なこともあり技術的なハードルは高かったが、専門の改造業者が現れるなど、グレーゾーンであったコピー品によってもたらされた損害額は相当なものになっていた。

一方、このコピー問題に対処すべく、ドリームキャストはGD-ROMを用いることになる。GD-ROMはヤマハとセガが共同開発した企画で、CD-ROMの記録密度を上げることによって1GBの容量を実現している。このメディアを読み込むドライブは単体で一般販売されていないこともあり、それだけでも相当強固なプロテクトとして機能していた。

しかし、逆を言えばドリームキャストこそが一般販売されているGD－ROMドライブということになる。つまりドリームキャストを使えばデータを読み込むことができるので、読み込んだデータを他にコピーする方法があればコピーが可能ということになる。

ドリームキャストは（通販限定ではあったが）ブロードバンドアダプタというLANアダプタを発売したことが致命傷になった。これを使いLANに本体を参加させることが可能になり、PCとリンクさせることで完全なコピーに成功されてしまう。

逆にプレイステーション2はDVD－ROMを採用しており、これは一般販売されているDVDと同様のものであった。

では、ソニーはコピー問題に目をつぶったのかというとそうではない。

DVDにはCDとは比べものにならないくらいプロテクトが用意されている。その代表のCSSというものがある。

これは性質上オリジナルディスクから専用のハードウェアを通して読み込まれたものしか解除されないという暗号通信に近い技術が用いられている。

ソニーはこのDVD規格が持つプロテクト技術によってコピーを防止しようと考えていたのであろう。もちろんPS2オリジナルのプロテクトも加えて複合体制で対策を行なっている。

しかし、このDVDのCSSはアメリカの大学生が解読に成功し、解除ツールがインターネットで配布されると有名無実化してしまう。さらにプレイステーションと同様にMODチップが出回ると、もう手が付けられない状態になっていった。

最後発のハードウェアであった**ゲームキューブは、こういった状況を見て独自規格の8㎝光ディスクを選択していく**ことになったのであろう。

一般的なDVDプレイヤーの機能を捨て、コピー対策も兼ねた対応をしたことが裏目に出てしまったことは否めないが。

▼北米での敗北

こうしてプレイステーション2を相手に熾烈な競争を続けていた任天堂に、もう一つのライバルが北米で立ち塞がる。

XBOXの発売である。

ニンテンドー64は国内ではハード普及数としては第3位に甘んじているが、北米では大健闘していた。

これは90年代中期の日本における格闘ゲームブームと関係が非常に深い。当時セガサターンが『バーチャファイター』、プレイステーションが『鉄拳』といった、大人気格闘ゲームの力を借りてハード普及を進めていた時期に、任天堂は「勝敗が明確なゲームはマニアックになりやすい」として格闘ゲームを開発しない方針を会社として取った。

さらに『ファイナルファンタジー』、『ドラゴンクエスト』といった大人気RPGもプレイステーションでリリースされるとRPG不足も深刻な状況となっていく。

格闘ゲームブームに沸く国内で波に乗れず、定番ジャンルの有名RPGタイトルがリリースされないということは、国内での敗北要因の一つと言える。

しかし、この頃の格闘ゲームブームは日本固有の流行であり、またそれほどRPGに人気のなかった北米などではRPG不足の影響が全くないと言っていい。むしろニンテンドー64では高品質なアクションなどが多数リリースされていたこともあり、これが北米で健闘できた要因の一つとなっている。

この遺産を引き継いでゲームキューブは北米で健闘していたのだが、これにマイクロソフトのXBOXが待ったをかける。

任天堂はファミコンの頃からゲームの内容に対してしっかりとした規制をかけていた。これは子どもが触れるものを作っている会社の責任感であり、良心でもあった。この姿勢はスーパーファミコン、ニンテンドー64と受け継がれ、ゲームキューブでも変わっていない。「勝敗が明確なゲームはマニアックになりやすい」という言葉も、子ども達が触れるものということからマニアックでない純粋な楽しさを追求するという意味として受け取ることができる。

特にアダルト表現に関して任天堂の規制は厳しく、任天堂の定める規制まで表現を緩めないと生産許可は下りないレベルとなっていた。

しかし、マイクロソフトはそうではなかった。Ｗｉｎｄｏｗｓ はPCのOS市場で圧倒的なシェアを持っている。では、Ｗｉｎｄｏｗｓ上で動作するビジネスソフトやゲームなどについて、全てをマイクロソフトは審査をするかと言われればしていない。この姿勢はXBOXでも踏襲されることになる。

アメリカではレイティングと呼ばれる対象年齢分類が発達しており、ゲームソフトはESRBという1994年に設立された第三者機関で審査される。この審査はあくまで審査対象の商品はどの年齢区分を販売対象とするのが適切かを判断するのみで、ゲームの面白さなどについて審査をすることはない。

レイティングがESRBのAO（18歳未満は購入禁止）に該当したソフトは、大手流通がこのレイティングソフトを販売しないという方針を取っており、非常に大きな販売上の制約を受けることになる。

つまり販売にあたって非常に不利になるので、制作側が自主的にレイティング対象を下げる選択をすることになる。しかし逆に言えば、表現の自由を求めてAOレイティングのソフトを制作すること自体は可能ということ。

マイクロソフト、任天堂、SCEはAOレイティングのソフトについて制作、販売を原則として認めていないが、表現の自由が守られているアメリカでは一方的な制作禁止はできないと考えて良いだろう。

つまり、ハードウェア提供者がライセンス契約を結んだ相手の制作物に注文を付けることなど、アメリカでは考えられない状況だった。

家庭用ゲーム機は第6世代になり、3Dの表現能力は格段に向上したことは先に述べている。このリアルな表現能力を使って刺激的なゲームが生まれるのは時間の問題だった。それを加速させたのが、表現の自由が守られているアメリカのゲームメーカーと言える。

これを最初に突きつけたのがＸＢＯＸだった。ＰＣがゲームプレイのために使われることが珍しくないアメリカでは、Ｗｉｎｄｏｗｓ＋ＤｉｒｅｃｔＸの技術を用いるＸＢＯＸの潜在的な開発力や人員は、日本とは比べものにならないほど大きなものだった。

このバックボーンに加えて、この頃の北米でゲームのトレンドといえば「暴力」「大作映画のようなストーリー」「リアルなグラフィック」の3点が挙げられる。

これらを緻密に織り込んで練り上げられたゲームが『Ｈａｌｏ2』であり、ＰＳ2では『ＧＴＡ Ｓａｎ Ａｎｄｒｅａｓ』であった。

『Ｈａｌｏ2』はＸＢＯＸでリリースされたタイトルの中でトップの売り上げを記録しており、全世界で８００万本以上のセールスを築きあげた。米国では１５０万本の事前予約、発売日初日の24時間で２４０万本を販売、発売から3週で５００万本を全世界で販売した。

『ＧＴＡ Ｓａｎ Ａｎｄｒｅａｓ』はＰＳ2でリリースされたタイトルで、後にＷｉｎｄｏｗｓ、ＸＢＯＸ３６０でもリリースされている。このタイトルはＰＳ2の全ソフト中全世界で売上本数トップの２３００万本以上という記録を打ち立てている。

これらのソフトと比較するのは、ゲームキューブの『大乱闘スマッシュブラザーズＤＸ』。このソフトはゲームキューブでリリースされた全体タイトル中1位の売り上げを誇っているが、その本数はというと北米で４４1万本となっている。ワールドワイドで見ると７０7万本の販売実績があるが、北米ではＸＢＯＸタイトルに手が届いていない数字となっている。

さらに本体の販売数は厳しい現実を突きつけてくる。

ゲームキューブはワールドワイドでは2174万台の販売数がカウントされているが、それに対してXBOXは2400万台を売り上げている。数字の上ではゲームキューブはXBOXにも敗北していることがわかる。

特にゲームビジネスをスタートさせたばかりのマイクロソフトと、ファミコン時代からの蓄積を持っている任天堂でこの結果は想像以上に大きな焦点といえる。

任天堂がどうこうというより、**マイクロソフトのXBOXが時代の流行を上手くつかんだビジネス展開をしたと見るべきだろう。**

▼サードパーティー離れと最高品質の自社タイトル

ゲームキューブで国内リリースされたタイトル総数は全275本である。この内、任天堂製のタイトルは55本となっている。この異様な多さがおわかりいただけるだろうか。そう、ゲームキューブは実質5本に1本は任天堂タイトルがリリースされている。

この状況を分析するにはニンテンドー64の時代に遡らなければならない。

ニンテンドー64で国内リリースされたタイトル総数は全196本で、任天堂製のタイトルは43本となっている。この時点で5本に1本は任天堂タイトルという比率が生まれている。

ニンテンドー64は本体発売時期の遅れを原因として、サードパーティー不足に初期から悩まされ続けている。本体の売れ行きが芳しくなかったことはこれに拍車をかけることになり、慢性的なソフト不足を生み出している。

自社のハードウェアである以上、普及させるために良質なゲームを数多く投入しなければならない。任天堂はこれを厳密に守ってこれだけのタイトルをリリースしていくことになる。しかし、それは別の問題点を生むことになる。

表（次ページ）のデータを見ていただきたい。

表　ゲームキューブソフト国内売り上げ　TOP 20

順位	タイトル	発売元	売り上げ本数
1位	大乱闘スマッシュブラザーズＤＸ	任天堂	1,349,418
2位	マリオパーティ4	任天堂	902,827
3位	マリオカート ダブルダッシュ	任天堂	825,894
4位	スーパーマリオサンシャイン	任天堂	789,989
5位	ゼルダの伝説 風のタクト	任天堂	742,609
6位	マリオパーティ5	任天堂	697,462
7位	ポケモンコロシアム	ポケモン	656,270
8位	どうぶつの森＋	任天堂	641,300
9位	マリオパーティ6	任天堂	527,132
10位	ピクミン	任天堂	507,011
11位	ピクミン2	任天堂	483,027
12位	マリオパーティ7	任天堂	454,261
13位	ドンキーコンガ	任天堂	427,096
14位	カービィのエアライド	任天堂	422,311
15位	ペーパーマリオRPG	任天堂	409,600
16位	NARUTO ナルト 激闘忍者大戦！3	トミー	404,951
17位	あつまれ！メイド イン ワリオ	任天堂	404,237
18位	バイオハザード0	カプコン	400,750
19位	NARUTO ナルト 激闘忍者大戦！2	トミー	396,608
20位	どうぶつの森e＋	任天堂	386,258

ゲームキューブのソフト売り上げデータを見ると、1位の大乱闘スマッシュブラザーズＤＸから15位のペーパーマリオＲＰＧまで任天堂タイトルが独占していることがわかる。20位までを見てもサードパーティー製タイトルは3本のみとなっている。

任天堂は間違いなく高品質のゲームをコンスタントに出せる、世界中でも希有な会社であることは間違いない。

しかし、サードパーティーの目線で売り上げを中心に見たときに、これほど恐ろしいライバル会社は存在しないであろうことは明白だ。その最強のライバル会社は5本に1本のハイペースでゲームをリリースしてくる。

（自社の利益確保の意味合いもあるだろうが）ハード普及のために貢献すべき良質なプラットフォーマー製タイトルが、参入すべきサードパーティーの売り上げを確実に喰い漁っていることになってしまっている。

このことは任天堂自身が一番理解しているように思え、ゲームキューブではこれでも多少改善されている。ニンテンドー64ではソフト売り上げ上位30位以内に入っているサードパーティー製タイトルは3本（2社）のみで、上位20位まで絞り込むと全てが任天堂製タイトルになってしまうほどの過酷な市場であった。

任天堂ハードでは任天堂のゲームしか売れないと噂されるのも無理はない。

このことはサードパーティー離れを加速させ、さらなる任天堂ソフトの独占を促すことになってしまう負のスパイラルであった。

あまりにもおかしな話だが、**群を抜く良質なタイトルを高頻度でリリースしすぎた任天堂自身が、ゲームキューブが敗北する一因を作っていたことに**なる。

3 マイクロソフトの参入

▼〝中身はほぼPC〟の家庭用ゲーム機XBOX

プレイステーション2とゲームキューブが熾烈な価格競争を繰り広げている中、アメリカで新しい家庭用ゲーム機が誕生する。

ゲームキューブの項でも触れたが、WindowsでPCのOSでは圧倒的なシェアを全世界に持つマイクロソフトが開発したXBOXの登場である。マイクロソフトはドリームキャストに技術協力をしていた経緯もあり、ノウハウを蓄えた上での参入である。

発表自体はプレイステーション2本体発売日の6日後、2000年3月10日にマイクロソフトの新規ビジネスに関する記者会見という形で発表された。

この発表会で本体内部の大まかな仕様について発表されている。このとき驚かれたのは、中身がほとんどパソコンの部品を流用して構成されており、OSとしてXBOX用にカスタマイズされたWindowsを採用。ゲーム開発にはWindowsで使われているDirectXを使用することである。

これは言い方を変えれば、**ゲームプレイに機能特化したWindowsPCをマイクロソフトが販売**するのと同義になる。

メディアはDVDを採用し、DVD再生機能も装備している。さらに100Mbpsのイーサネットをネットワークで採用しインターネットにも対応。第6世代ゲーム機としては最後発らしい良いとこ取りの仕様となっていた。

ドリームキャスト発売時には整っていなかったインターネットの社会的インフラも、ADSLの普及によって解消され、ブロードバンドという言葉と共に一般層にも十分にアピールできる環境となっていたことも見逃せない。この付加機能だけでハードウェアが売れる大きな要因にはなりえないが、情報家電としての位置づけには重要なポイントとなっている。

ＤｉｒｅｃｔＸに関しても、Ｗｉｎｄｏｗｓ用ＰＣゲーム開発で一般的に用いられていたこともあり、マイクロソフト自身も「ＤｉｒｅｃｔＸは5年間開発を続けている。ゲーム開発者の欲しい機能を速やかに提供することができる」と述べ、ＰＣで培ってきた技術に自信を持っていた。

この記者会見の質疑応答で「参入が遅すぎたのではないか」という質問も上がっており、海外のゲームメーカーでは、マイクロソフトは苦戦するだろうと考えていた技術者も多かったことは事実である。

ＸＢＯＸの発売は北米が２００１年11月15日で、日本での発売は２００２年2月22日となり、第6世代の黒船来襲までは今少し時間の猶予があった。

▼海外のＰＣゲーム情勢

こうして異色の家庭用ゲーム機となったＸＢＯＸ。ＷｉｎｄｏｗｓやＤｉｒｅｃｔＸが使われているのはマイクロソフトだからという理由だけではつまらない。この頃のＰＣゲーム事情から、これらの技術が使われた理由を考えてみたい。

２００１年頃、ＰＣゲームのトレンドといえばＭＭＯＲＰＧだった。１９９８年に日本でもサーバーが開設された「ウルティマオンライン」を筆頭に、「リネージュ」や「ラグナロクオンライン」など韓国製ＭＭＯＲＰＧが日本でも多数サービスが開始されたり、テストサーバーが解放されている時期でもあった。

特徴としては、家庭用ゲーム機以上のクオリティで制作される3Ｄの画面が印象的で、ネットワークを使用して多数のプレイヤーが同一世界で同時にプレイしているという、これまでにないゲーム世界を存分に味わうことができた。

ＭＭＯＲＰＧ以外にもＲＴＳ、ＦＰＳといったジャンルもＭＭＯＲＰＧに劣ることのない人気を誇っており、高いゲーム性を備えていた。

日本ではＷｉｎｄｏｗｓ３．１が登場したあたりから、それまで隆盛を誇っていたPC－9801シリーズの人気が下降し始め、それと共にPCゲームを制作するメーカーも激減してゆく。2001年頃ではアダルトゲームメーカーを除くと、簡単に数えることができる程度のメーカー数しか残っていないような状態であった。

日本でのPCゲームの位置づけは、家庭用ゲームの上位に位置し、高い年齢層向けのマニアックな内容となっているものが多く、大きな利益を得ることができないニッチな市場となっていた。それが、メーカー数が減ることでより濃度を増していくことになる。

では、海外ではどうかというと、**PCの位置づけそのものが日本よりも遥かに身近な状態**を持っていることが挙げられる。

まずPCに対するリテラシーが日本とは比べものにならない。ネットの普及率も2001年の時点で日本は38・53%に対して、アメリカは49・08%と大きく水を空けられている。韓国はこの時点で56・60%とさらに進んでおり、韓国全世帯の77・6%がパソコンを保有している。このインターネット環境の普及率の高さが2001年時リリースされているMMORPGの発展を促している。

またメーカー側からの視点で言えば、家庭用ゲーム機メーカーでサードパーティーにソフト生産を許可している会社は1社もない。サードパーティーは開発費をかけてゲームを制作した後、ハードメーカーにソフトの生産依頼を行なわないとゲームを販売することができない。

これは生産品質の均一化などの効果ももたらすが、サードパーティーにとっては負担にしかならない。ハードウェアメーカー間で生産価格の競争はあるにせよ、その効果はほとんど感じられない。

しかし、PCをプラットフォームとして選択すると、この生産費はより低価格な会社を探して依頼することができ、熟成した効率化による価格低下の恩恵も受けることができる。より利益を生み出しやすい構造となっている。

家庭用ゲーム機と同等の台数が普及していれば、PCをプラットフォームとしてゲームを制作する選択肢が生まれてくるのは当然。これが**海外でPCゲームが発達していく土壌**となっているのである。

これらの土壌をXBOXは有効活用することになる。

新しい技術をユーザーが手にするチャンスはPCゲーム業界が最速となっている。これは規格が統一された家庭用ゲーム機と比べて、高価でパーツ単位の換装が可能なプラットフォームならではのことだろう。PCゲームの発達は、家庭用ゲームにとって表現能力の発達を先取りすることになる。この技術力の蓄積と家庭用ゲーム機への応用性の高さから、**海外のゲームメーカーは飛躍的に力を付けていく**ことになる。

▼XBOXの海外での成功と日本での敗北

XBOXは販売総数2400万台と、任天堂のゲームキューブ以上の販売台数を記録していることから、大成功を収めている。しかし、日本では成功したイメージがない。その要因は日本での販売台数は50万台であることに由来する。ここまで格差があるのはなぜだろうか。

それは日本市場の特殊性にあるだろう。

XBOX販売不振の状況は、3DOの敗北と要因が非常に似ている。特にリリースされるゲームの大半が海外ゲームで、相変わらず日本のユーザーは海外ゲームに対するアレルギー反応が強いという点だ。

XBOXで最も売れたタイトルは『Halo2』で849万本だが、日本国内では11万本しか売れていない。本体が普及していないことも理由になるだろうが、日本を除く全世界で800万本以上売れているタイトルにしては異常な数字だ。普通に考えれば、本体を牽引するキラータイトルであり、『Halo2』の発売と同時に本体の普及率も上がるはずだ。だが、結果はその予想を裏切り、惨敗となってしまう。

ここに至ると、ハードやソフトに問題があるのではなく、日本市場そのものに問題があることが考えられるようになる。携帯電話では、海外と比べて独自に突出した進化をしたフューチャーフォンをガラパゴス携帯と呼んでいるが、ゲーム市場も全く同じ状況へ歩みを進めていることがわかる。全世界規模で受け入れられているソフトが、日本でのみ受け入れられないのだから、世界の流れから完全に離れてしまったのと同じことだ。

ＰＳ２中期までは日本は世界のゲーム市場をリードする位置にいたのは確かだ。だがＸＢＯＸ登場以後は緩やかにトップの位置から後退を始めている。これは長引く不況の影響を受け、ゲーム業界も安全な道を歩み始めた頃と一致する。新規タイトルが減少し、ナンバリングタイトルが増えていき、新しいゲームが減少していったことは見逃せない。メーカーは統廃合を繰り返し、大メーカーではできないことをしていた中小のメーカーが減ってしまったことも要因だろう。大メーカーが安全なナンバリングタイトルを中心に開発するのも、中小メーカーの減少も、開発費が膨らんだことが大きく影響している。

様々な悪い要因が安全性の高い国内ユーザー向け商品に先鋭化したことで、新規ユーザーも新しいゲームに触れる機会を失ってしまう。この結果、日本市場は世界的な流行に乗れない市場として成熟してしまったと言える。

３ＤＯの頃の海外ゲームは未成熟な部分も目立っていたが、この時期の海外ゲームはそういった要素は消え失せている。日本にいるのは、自分の知っているゲームやジャンルにしか興味を示さない保守的なユーザーと、それらの消費者に向けての商品のみをリリースする保守的なメーカーの集まりになってしまっていたのだ。

つまり、**日本のゲーム市場がガラパゴス化**する警鐘は、この時に鳴っていたことがわかる。これは次の第７世代家庭用ゲーム機でさらに加速する。

第7章 縮小を続けるゲーム市場と急速に拡大するゲーム市場

1 縮小する家庭用ゲーム機市場

▼第7世代家庭用ゲーム機の登場

ＰＳ３、ＸＢＯＸ３６０、Ｗｉｉの３機種に代表される第7世代家庭用ゲーム機。最初に登場したのはＸＢＯＸ３６０である。ＸＢＯＸ３６０は２００５年11月22日に北米で発売された。12月10日には日本でも発売されている。１年遅れて２００６年11月11日にＰＳ３、最後のＷｉｉは２００６年12月２日にリリースされている。

ＸＢＯＸ３６０は案の定、日本ではスロースタートとなった。しかし、北米では品薄状態が続くほどの人気を誇り、安定したスタートを切っている。

１年後に追撃に入ったＰＳ３だが、ＸＢＯＸ３６０は２００６年12月末日時点で世界累計出荷台数１０４０万台を突破しており、ソフトの充実度まで含めて大きなハンデを背負った形でスタートする。この差を埋めて出荷台数が逆転するには、７年もの時間を要するほどＰＳ３は大苦戦することになる。

ＷｉｉはＸＢＯＸ３６０、ＰＳ３とは違った路線を取り、フルＨＤにも対応していない。その代わりＷｉｉコントローラーをはじめとする新しい入力装置を採用。普段ゲームをあまりしないライトユーザーに新鮮な感動を与え、爆発的な人気を得ることに成功する。世界累計販売台数２０００万台を発売から60週で達成するなど、歴代家庭用ゲーム機の販売記録を塗り替え、世界規模でのムーブメントを起こして、ニンテンドー64、ゲームキューブ以来後塵を拝していた所から任天堂ここにありを再認識させた。

全てのハードが性能アップし、対応するソフト開発費はさらに高騰した。この結果、生まれたのがマルチプラットフォームである。同一のゲームを複数のハードで発売することと考えれば問題ない。

これはプレイステーションとセガサターンの第5世代家庭用ゲーム機の頃から頻繁に行なわれていた。特にプレイステーションとセガサターンはどちらが市場の主導権を握るかわからないような熾烈なシェア争いを繰り広げており、双方にビジネスチャンスがあったため、こうした販売手法がとられた。

しかし、第7世代家庭用ゲーム機でのマルチプラットフォームは少々意味合いが変わっている。開発費の高騰から、特定のプラットフォームだけリリースしたのでは利益が上がらなくなってきたのだ。

これをカバーするために出せる機種では全て発売し、ユーザーの取りこぼしがないようにという動きが生まれた。

さらに、PS3とXBOX360は性能的にも似通っており、マルチ化の手間も少なくて済むようになったことも大きい。逆にWiiはコントローラーのスタイルからも明らかに切り分けられ、マルチプラットフォームの分類から外されている。このことは、後に大きなマイナス要因となって返ってくることになる。

▼普及から20年経った家庭用ゲーム機の流れ

Wiiの世界的な大成功を基盤として、家庭用ゲーム機の世代交代は成功したように誰しもが感じていた。

特にWiiの新しい入力装置は、スポーツソフト『WiiSports』を代表作として誰にでもわかる、簡単に楽しめる、多人数でもプレイ可能といった要素を兼ね備えており、いわゆるライトユーザーの取り込みに大成功している。

任天堂の後塵を拝することになったＰＳ３だが、ミドルユーザー向けのやり込みを重視するソフトウェアラインナップを揃えて地道にユーザーを伸ばしていくことになる。

ここで注目したいのはユーザーの動向といえる。ファミコンから20年の歴史を積み重ねた家庭用ゲーム機の歴史は、20代のユーザーであれば生まれた時からゲーム機が家にあるという環境を作り出している。これにより、**ユーザーの側が新しいゲーム機に反応するのではなく、自分の好みにあったハードウェアを選択する**余地を持っていた。既に家庭用ゲーム機は主力3種に絞られ、携帯用ゲーム機は2種しか無い。これだけ選択肢が絞られると目的の物をユーザーが選びやすい状況になっている。ライトユーザーのＷｉｉ、ミドルユーザーとヘビーユーザーのＰＳ３というような分類が成立したのもこの時期だろう。

ライトユーザーは顧客層が広く厚いので、Ｗｉｉの大成功は破格のものに感じる人が多い。しかしここに大きな落とし穴があった。

▼ライトユーザーを狙う任天堂の成功と失敗

Ｗｉｉは本体発売日から6カ月程度の２００７年7月頃から本体の売り上げ台数が落ち、息切れを起こしていた。

ライトユーザーは層が厚く広いが、ゲームを毎日必ずプレイするようなタイプのユーザーではない。他にも趣味を持っており、その複数ある中の一つがゲームというような人がほとんどだろう。このユーザーは食いつくのも早く、離れるのも早い。これが半年で息切れを始めた要因として考えられる。

では、そのままＷｉｉは縮小していったかといわれれば、そうではない。任天堂は次の手として２００７年12月に、フィットネスソフト『ＷｉｉＦｉｔ』を発売。ライトユーザーの健康志向を突いた新しいデバイスで大幅に売り上げを伸ばすことに成功する。

ここで注目したいのは、売り上げが落ちた7月から『ＷｉｉＦｉｔ』の開発を始めていたのでは年末商戦に間に合わないということだ。任天堂はＷｉｉコントローラーを売り文句としてライトユーザーを惹きつけるのは、1年程度が限界と考えていたのではないだろうか。それに合わせて二の矢として『ＷｉｉＦｉｔ』の開発を進めていたと予想することができる。この戦略が的中し、年末商戦で大躍進した本体販売は、ゲームキューブの販売台数を1年ほどで上回る成果を残すことが出来た。

任天堂は２００８年になっても拡大路線の手を緩めず、２００８年1月に『大乱闘スマッシュブラザーズX』をリリース。ライトユーザー向けの『ＷｉｉＦｉｔ』に対して、若年層とミドルユーザー向けタイトルを投入することでさらに販売台数の拡大に成功する。そして２００８年3月にはニンテンドー64の販売数を1年半もかからずに超えることになる。まさに**任天堂パワーの再来**を強く印象づけられる流れだった。

これに変化が訪れるのは２００８年7月になる。スマブラX以降、ヒットタイトルに恵まれなかったこともありＷｉｉの本体販売数が再び鈍化を始める。このサイクルは前年と変わらず、恐らく任天堂は織り込み済みだったと考える。このことを裏付けるように２００８年10月に『ＷｉｉＭｕｓｉｃ』がリリースされる。

このゲームは新しいデバイスを使うのではなく、本体付属のＷｉｉリモコンを使って、誰でも簡単に音楽を演奏できるように作られている。66種もの楽器を擬似的に演奏することができ、任天堂の丁寧な作りと相まって、操作感の良さは折り紙付き。演奏できる楽曲もクラシックから童謡や民謡、ゲーム音楽まで幅広く揃えている。しかし、このソフトが完全に失敗してしまうことになり、Ｗｉｉはサクセスロードから少しずつ離れていくことになる。

『ＷｉｉＭｕｓｉｃ』のリリースは『ＷｉｉＦｉｔ』と同様にライトユーザーに身近な題材を使って楽しんでもらうことを目的としている。しかし、

『WiiFit』が健康という生活に密着した題材を取っているのとは異なり、音楽を演奏することはライトユーザーの中でも一部に過ぎない。このソフトの販売価格と、自分の他の趣味に同額を使う場合を比べると、訴求力が弱かった。これがこのソフトの失敗要因であり、ライトユーザーを注目させ続ける難しさと言える。

この時期、任天堂の戦略に合致したユーザーはWii本体と『WiiSports』を購入したか、あるいは、追加購入した『WiiFit』を持っているユーザーと考えるのであれば、これらを毎日プレイしてもこのユーザーはミドルユーザーに変化しないということだ。

ゲームユーザーは、ライトユーザーが毎日ゲームを遊び続けることによって自然にミドルユーザーやヘビーユーザーに成長するわけではない。ゲームを始めたその瞬間にライトユーザーかミドルユーザーかが決定してしまうものと筆者は考えている。

つまり、自分の健康を管理するために『WiiFit』を毎日1時間プレイしている人は、目的が健康であって、ゲームプレイによる楽しみを得ることではない。この原稿を書いている2016年現在、もしかしたら発売日に購入してから毎日欠かさず『WiiFit』をプレイし続けている人がいるかもしれない。その人は健康の維持はできていると思うが、任天堂の出すゲームを全て買うようなミドルユーザーにはなっていないだろう。

ライトユーザーの定義は非常に曖昧だが、95年にプレイステーションとセガサターンが熾烈な争いをしていた頃から、ライトユーザーの取り込みでシェアを拡大しようという動きは顕著に出ていた。その時のライトユーザーとは、年に2~3本程度の有名なゲームを買うユーザーと考えていた人が多い。2本とは、この頃だと『ドラゴンクエスト』と『ファイナルファンタジー』になる。さらにもう1本追加で買うかもしれないレベルのユーザーだ。

この時期の任天堂が考えるライトユーザーはもっ

と厳しく、年に1～2本のゲームを買うユーザーと考えていたのではないだろうか。これは、任天堂製の明らかなライトユーザー向けゲームが年に1～2本程度しか発売されていないことを要因としている。

問題になるのは、その年に1～2本しか買わないユーザーが購入しなかったらという点に尽きる。『WiiMusic』の場合は、これに当てはまってしまったのだ。『WiiFit』は予想通りの反応を得ることができたので大成功を収めているが、逆にその予想が外れた場合どうなるかは『WiiMusic』が示したとおりになる。ミドルユーザーに変化しないライトユーザーは、興味が惹かれなかったタイトルは購入せず、代わりに別のゲームも購入しない。

つまりライトユーザーの本来の定義は、年に0～2本のゲームを買う人とみなければならず、0本の可能性について施策を練る必要があったことになる。

任天堂はこのことを予想していなかったわけではなく、『WiiMusic』発売から1カ月後の2008年11月に『街へ行こうよ　どうぶつの森』をリリースする。これは携帯機のニンテンドーDSで発売された『おいでよ　どうぶつの森』の続編であり、ライトユーザーに大ヒットした過去を持つ。『どうぶつの森』を保険として用意していたからこその『WiiMusic』のリリース時期であるのは明白で、実験的な意味合いも開発的にはあったのではないかとも考えられる。

すでに実績のある『街へ行こうよ　どうぶつの森』だが、前作は日本国内で500万本以上を販売したのと比べ、120万本ほどしか販売できなかった。失敗というには大きすぎる数字とは強く感じるが、少なくとも期待を下回る結果になってしまっているのだろう。

この2本連続での販売不振から2008年の年末商戦は前年比で大幅な落ち込みを記録する。そしてここからWiiの不幸が始まる。

この時期のPS3とXBOX360は任天堂と比

べ、印象に残らないような地道な活動を続けている。特にPS3は新モデルのリリース、本体価格の値下げと定番とも言える販売戦略を続けていたが、起爆剤になることはなかった。だが、この地道な活動の成果は着実な普及台数として現れてくることになる。

▼Wiiの衰退と家庭用ゲーム機の縮小

明けて2009年を迎えてもWiiの不調は収まらなかった。販売不調は円高の影響も大きく受け、販売台数でPS3に及ばないことも増えてくるような状態にまで進行する。かといってPS3は躍進していたのかというと、そうではないことが逆に事態の深刻さを表している。

2009年8月にサードパーティー初のミリオンセラーを記録する『モンスターハンタートライ』が発売され、自体は好転の兆しを見せるかに思えたが、短期間で元通りに失速してしまう。

2009年の年末商戦には満を持して『スーパーマリオブラザーズWii』を発売。大ヒットを飛ばし過去3年間の年末商戦で最高の売り上げを記録することになる。しかしこの勢いが長く維持されることはなく、明らかな衰退がわかるようになってしまう。

2010年は年間を通して本体販売数が伸び悩み続ける。結果として、Wiiは2009年を下回る販売台数で決着するが、PS3も前年の販売台数を下回っており、4年連続で据置機販売台数No.1の座に座ることができた。

この段階でWiiの問題点は、2010年の1年間に発売されたWii用ゲームソフトのタイトル数が60タイトルしか発売されなかった点だろう。

Wiiリモコンは非常に面白い入力装置だが、これを生かしたソフトウェア作りをするには時間がかかりすぎる。不況が続くサードパーティーにとって開発に長い時間をかけることは開発費の高騰につながり、そんな余力を持っているメーカーは限られていた。また、PS3は2010年の1年間で115

タイトルを発売していることからも、この時期には明らかにサードパーティのＷｉｉ離れが進行していることが判る。

特にリリースされるタイトル数の減少については、企画難易度の高さや、丁寧な作り込みによる開発期間の延長とは別に、Ｗｉｉがマルチプラットフォームから外れる立ち位置にいたことも要因といえる。事実、ＰＳ３で発売されるゲームはＸＢＯＸ３６０とマルチ展開されたものが非常に多く、海外でヒットを飛ばしたゲームもＰＳ３に入ってくることで、メーカーとユーザーにとってのゲームソフトの選択肢は広がっていた。これが年間発売タイトル数を担保し、ソフト不足を回避することになっている。

合わせて注目したいのは、不調のＷｉｉよりもさらに販売台数が少なかったＰＳ３の存在だろう。

ＰＳ３は大躍進こそないものの、堅調で地道な普及台数を積み重ねていた。販売タイトル数も月間10本前後をコンスタントにリリースしていた。

しかしそのＰＳ３であっても、前年比で販売台数を下回っている。この事実が、**完全に家庭用ゲーム機市場が縮小を始めたのは２０１０年から**と考える要因になる。

2 拡大するスマートフォンゲーム市場

▼家庭用ゲームに根づかなかったライトユーザー

Ｗｉｉの大成功は、ゲーム人口の拡大に一役買っているのは確実だった。にもかかわらず家庭用ゲーム市場は縮小を始めた。これは何かといえば、ライトユーザーをミドルユーザーに育てることをしなかったことが要因ではないだろうか。

Ｗｉｉで育ったユーザーはライトユーザーのまま進んでいく。これが新しい世代をミドルユーザーとしてゲームファンに育てられなかったことで、若い世代を中心に家庭用ゲーム離れを進めてしまったのだろう。

ファミコン発売当時に小中学生だった子どもは、現在の小中学生と比べて遊ぶものの選択肢が少なかったのは事実だ。少ない選択肢の中にとても魅力的なファミコンが入ってくれば、否応なしに反応することができた。しかし、現在の小中学生の遊ぶ物の選択肢は非常に幅広い。ゲーム機だけが燦然と輝く憧れでない以上、**業界全体で子どもをゲームファンに育てるようなアプローチが必要だったのだろう。**

だが、ＰＳ2の大ヒット拡大路線は、そのまま下の世代にこの市場が引き継がれ、上の世代も維持できるのではないかと思わせる錯覚を呼び起こすのに十分な成功だった。さらにニンテンドーＤＳをつなぎとしたＷｉｉの登場は、この拡大路線がより大きくなることを思わせる大成功だった。これが不幸の始まりと言えるだろう。

では、Ｗｉｉが掘り起こしたライトユーザーはどこへ行ってしまったのか。

その一つの行き先がスマートフォンと言える。

▼スマートフォンの登場

スマートフォンが日本で普及するきっかけを作ったのは、2009年6月に発売されたｉＰｈｏｎｅ

3GSと言って差し支えないだろう。

iPhoneの第3世代にあたり、第1世代のiPhone、第2世代のiPhone3Gから続くスマートフォンだ。発売1週間で100万台を売り上げるほどの人気を海外では誇っていたが、日本で発売された当時は、発売日から爆発的に人気が出ていたわけではない。

当時はまず、スマートフォンという言葉自体の認知度が低かった。先駆者としては1999年に初代が発売されたブラックベリーがある。PDA（携帯情報端末）と呼ばれ、2006年頃からアメリカで急速に普及した。こちらのほうが認知度は高い状態だったのが、2009年当時の状況である。

ブラックベリーには全面タッチパネルのモデルもあり、今日のスマートフォンの原型が詰まっていると言っても過言ではない。PDAに小型キーボードを備え付けたこの端末は第44代アメリカ大統領のバラク・オバマ氏も愛用していたことで知られている。機能としては住所録、スケジュール管理、音声通話、インターネット閲覧、メールの送受信、マクロソフトオフィスの閲覧と編集など、今日のスマホでもよく使われる機能が備わっていた。

2009年当時iPhone3GSの登場で携帯電話のシェアは変動してくるが、発売から数ヶ月ではガラケーやフューチャーフォンと呼ばれる携帯電話のほうが圧倒的なシェアを維持していたのは事実だ。これが大きく変化するのは、2010年6月に発売されたiPhone4と、ソニー・エリクソンからAndroidOSを搭載したXperiaが2010年4月に発売されたあたりがポイントだろう。

2009年には3％もなかったスマートフォンの市場が、2010年には8％を超える人気ぶりとなっていく。その後もiPhoneとAndroid端末の新機種リリースは人気を博し、この原稿を書いている2016年7月にはとうとうスマートフォンの普及率が50％を超えたというニュースが出てくるほど加速的に普及を続けている。

▼〝謎のスマートフォン〟から〝楽しめるスマートフォン〟への変化

iPhone3GSが出た当時、スマートフォンとは何かわかっている人はほとんどいなかった。筆者が初めて買ったスマートフォンはiPhone3GSだが、購入した直後は何が便利なのか全くわからなかった。勧めてくれた人も、iTouchに電話の機能が付いいただけと説明するような始末だったことをよく覚えている。ただ、ハッキリと言えるのは、操作しているだけで面白いという感覚は素晴らしかった。

このような意識なので、ユーザー自らが積極的にスマートフォンを使って遊ぶにはどうするのかを考える必要があった。そこでまず最初にやったのが、面白いアプリを探して遊んでみることだった。

特に現在と大きく違うのは、買い切りアプリが大半であったことだ。ゲームもゲームメーカーがリリースしている本数は少なく、1本いくらで買い切るタイプのものしかないような状況といえば、今のスマホしか知らない人は驚くことだろう。無料のゲームはユーザーが作ったインディーズの物ばかりであり、これも完成度の高いものは有料の買い切りで、無料で遊べるのは体験版のみだった。そう、初期のiPhoneはアプリ天国だったのである。

アプリをユーザーが制作し、アップロード、アップル社が提供するマーケットに自分でアップロード、手数料を支払って販売することが誰でもできるようになったことは革命的だった。

それまでソフトウェアといえばパッケージソフトが当たり前で、自分のソフトを販売しようとすれば一定金額以上の資本と流通を使わなければ困難だった。それが、このマーケットの登場により、**アイディア一発で数百万のダウンロード販売をできるようになった**ことになる。

実際、海外のユーザーが販売したアプリで、スマートフォンのタッチパネルにピアノの鍵盤を表示し、タッチするとピアノが弾けるというアプリは大ヒットを飛ばしている。これ以外にも、一般ユーザーが制作したアプリで大好評を得たものは数多い。

スマートフォンの登場が、携帯電話として革命的な変化を起こしたとは考えにくい。ＰＣを小型化し、音声通話の機能を付加しただけのものに過ぎないと筆者は考えている。では、何が革命的であったかと言われれば、この**ダウンロード販売をユーザーに認めさせたこと**と言いたい。

ダウンロード販売においては、手に取った実際の物品が移動するわけではないが、金銭の授受は通常の販売と同じように行なわれる。これまでの生産と流通のシステムを完全破壊し、メーカーとユーザーを直接結びつけたこのビジネススタイルこそ革命的だった。

これにより大きな打撃を受けている業種の一つがゲーム業界と言えるだろう。特にハードウェアを販売している任天堂やＳＯＮＹなどはより大きなダメージを受けていると考えられる。その理由はゲーム業界のビジネスモデルにある。

ファミコンで任天堂が作り出したビジネスモデルは、ハードウェアは販売し利益を得るだけではない。サードパーティーと契約し、自社ハードのソフト生産を全て請け負い、そこでも利益を上げるというスタイルだった。サードパーティーが発売するファミコンカセットは全て任天堂で生産され、その価格は任天堂が指定する金額で希望本数が生産される。生産するだけで利益を得ることができ、たとえそのゲームが売れなかった時もノンリスクとなっている。このビジネスモデルを実行するには、自社のハードウェアが大きなシェアを持っており、そこでゲームを制作、販売すれば利益を生み出せるだけの市場があることをサードパーティーに示し続けなければならない。言うほど簡単ではないことは明白だが、これが実現できたときには、二重の利益構造を持ったビジネスが成立する。

ダウンロード販売は、この構造を完全に壊してしまっている。特に生産リスクが存在しなくなったことが、制作サイドにとっては非常に大きなメリットになる。

制作したアプリを専用マーケットにアップロードすることで販売は開始されるが、販売価格の手数料を3割持っていかれることになる。しかし、実はゲームという側面だけで考えるのであれば、この価格は安い。世間の目では、TVCMで見るようなビッグタイトルが数百万本売れればとてつもなく大きな利益を上げているように感じている人が多いと思う。しかし、ゲームソフト1本の利益率はそれほど高いものではなく、ダウンロード販売で3割の手数料を引かれても、メディアを生産してゲームショップで販売するより比較にならないほど大きな利益を得ることができるというのが実態だ。

しかも、既に家庭用ゲーム機の普及率を超えているスマートフォン市場に魅力を感じるゲーム会社の選択を、止める手だてはない。

このことからも、現在の家庭用ゲーム機市場の縮小とスマートフォン市場の拡大を知ることができるだろう。

このように「自由に誰でもアプリを作って販売できる」という状況は、ユーザーの選択の幅を非常に広くした。アプリの質は玉石混合であっても、自分に合ったアプリを探すことが、スマートフォンで最初に出会った楽しさだと感じたユーザーは少なくないだろう。

だが、そんな楽しさも当然長続きはしない。1～2カ月もすれば飽きてくることになり、やっぱりスマートフォンの正体はわからず、寝る前に軽くインターネットを見ることができる携帯電話以上の地位にはならなかったのではないだろうか。スマートフォンは便利で楽しいという事実に皆が気づくのには少しの時間が必要だった。

これに変化が現れるのは、**ソーシャルゲームの本格的なスマートフォンへのシフトと、SNSの発展が本格化**してからのことだ。

▼スマートフォンゲーム市場発展の鍵

ソーシャルゲームの元祖は、フューチャーフォンで２００７年にグリーがリリースした『釣り☆スタ』ではないだろうか。

専用クライアントを使わずに、ブラウジング機能とソーシャルアカウントのみで動作するこのゲームは、フューチャーフォンと相性が良く、ゲーム性よりもコミュニケーションが重視された内容に仕上がっている。２００９年にはＤｅＮＡが『怪盗ロワイヤル』をフューチャーフォン向けサービスのモバゲータウンでリリースする。このゲームはユーザー同士の対戦が盛り込まれており、駆け引きの要素も取り入れたことで大ヒットする。ここでソーシャルゲームの基礎は固まっていると考えられる。

現在、スマートフォンを利用している人で、スマートフォンのゲームを一切しないという人は少数派と考えて良い。特に下は10代から、上は40代までのファミコン世代までなんらかのゲームをプレイしている人は非常に多い。

フューチャーフォンよりも表現力に富み、綺麗で大きな画面を使ったスマートフォン用ゲームは、フューチャーフォンでゲームをしていた人であれば、乗り換える大きな理由になったと考えられる。特に、ゲームをプレイする機会が多い学生などの若い世代では顕著にそれを感じることができる。

もう一点は**ＳＮＳとコミュニケーションツールの発達**だ。

Ｔｗｉｔｔｅｒの黎明期である２００７年は１日のツイート数は５０００回程度。これが２００９年には１日のツイート数が２５０万回、翌２０１０年には３５００万回にも達している。Ｔｗｉｔｔｅｒ をＰＣから利用している人は現在でも非常に多いが、このツイート数の伸びはスマートフォンの普及率上昇と一致する。デスクトップＰＣは論外としても、ノートＰＣよりもさらに扱いやすく素早く起動し使うことができ、１４０文字以内という単文の入力にはスマートフォンが適しているのは明白だろう。

ＳＮＳとしては、２０１０年にｆａｃｅｂｏｏｋの日本法人が設立され、この当時で利用者は

３００万人を超えている。ｆａｃｅｂｏｏｋが普及する以前のＳＮＳはｍｉｘｉ、Ｍｏｂａｇｅ、ＧＲＥＥが日本国内で激しいシェア争いをしていた。この３社ともＳＮＳと連携する形でゲームも提供していたので、ソーシャルゲームという言葉が生まれている。ｆａｃｅｂｏｏｋはゲームと切り離す形でＳＮＳを提供。報道も手伝って利用者を大きく伸ばしている。

ＳＮＳもＴｗｉｔｔｅｒも出先から情報を発信したり、更新したりするにあたって、スマートフォンとの相性は抜群だった。

２０１１年にＬＩＮＥがリリースされてからはこれに拍車がかかる。利用者が主にテキストチャットの機能を使うことが多いこのアプリは、個人同士のつながりを重視するＳＮＳと比べ、小規模なグループ対象のＳＮＳに近いものと考えて良いだろう。友人同士、仕事仲間、プロジェクトチームなど、小集団でテキストチャットをリアルタイムに共有することができる。さらにパケット通信を用いた音声通話機能も持っており、通常の携帯電話料金と比べて安価なこの機能は、携帯電話料金に敏感な学生を中心にこのアプリのブームを生み出した要因の一つといえるだろう。

これらの要因が積み重なり、今日のスマートフォン市場が形成されている。

ここで注目したいのは、**スマートフォン本体の性能がどれだけ向上したかが普及の要因になっていない点だ。**性能は二次的な評価に過ぎず、それを使ってどんなアプリが動作するか、どんなサービスが利用できるかが一次的な評価になっている。

これはどんなカセットが遊べるか、どれだけ面白いゲームがプレイできるかで、性能的には劣っていても長い間不動の人気を保ち続けたファミコンとよく似ている。

時代は移り変われど、ハードウェアではなく、ソフトウェアが普及の鍵を握っている事実は変わっていないことを教えてくれる。

▼ソーシャルゲームと家庭用ゲームの大きな違い

よく見る論調に、ソーシャルゲーム業界が家庭用ゲーム業界を喰ってしまったというものがある。

これは一つの側面では正しいと言える。しかし、ソーシャルゲームと家庭用ゲームを同じゲーム業界だからという理由で一緒くたに見てしまっていることは否めないだろう。**実は、ソーシャルゲームと家庭用ゲームは全くの別ものと言っていいほどの違いがあること**を、ここでは考えていきたい。

家庭用ゲーム会社がソーシャルゲームをリリースすることは一般的になってきている。最近では成功する会社も増えてきているが、2〜3年前までは大ヒットを飛ばす有名な家庭用ゲーム会社でも失敗の連続だった。現在ソーシャルゲームの人気でトップ10に入るようなゲームを作っている会社は、それまで聞いたことがない会社が多い。プラットフォームが違うだけで同じゲーム会社なのに、成功と失敗はどうして分かれるのか。

以前の家庭用ゲーム会社がソーシャルゲームを作るときにまず間違っていたのは、**プレイするユーザーが全く違う人であること**を認識していない点にあった。

家庭用ゲームはパッケージ販売で入手するのが一般的なので、定価で5800〜7800円程度をプレイする前に支払って購入する。最近では体験版なども配布されるが、それは極一部のタイトルのみでリリースされる全ての家庭用ゲームで行われてはいない。ユーザーは購入前に事前に情報を仕入れ、面白そうだと感じたものを購入することから、ゲームに対する意欲が非常に高いユーザーと言える。購入後は少しやってポイっというわけにはいかない。常に念頭に置いているわけではないが、価格分楽しむぞという意欲が無意識ではあっても非常に高く、長続きするタイプのユーザーだ。

ソーシャルゲームはこれと比べて、ダウンロードさえすればプレイは無料というのが基本になっている。つまり、体験版を全てのタイトルが配布している状態になっている。さらにダウンロードをするユーザーは、知人に勧められたのであればまだ良いが、ちょっと検索して面白そうに感じたという程度の知識しか持たずにゲームプレイを始めることが多い。ふらりと街中を歩いていて、小腹が空いたところにあったラーメン屋が美味しそうなので入ってみたという感覚に近い。しかもプレイは無料なので、つまらないと感じたら即削除しても痛手はないのだ。つまりゲームに対する意欲はほとんどなく、面白ければ続けるというレベルの意欲しか持たない相手がユーザーとなる。

このユーザーに、壮大な物語を伝えるために10分ほどのハイクオリティなデモを見せたとしたら、どうなるかは予想がつくだろう。デモの途中で止めてしまうことになる。家庭用ゲームのノリで作り込まれたソーシャルゲームは、ゲームの面白さを知ってもらう前にプレイを止めてしまうことになる。

もう一つは**ビジネスモデルの違い**がある。

ダウンロード販売が、それまで途中に入っていた生産や流通を破壊したことは先に述べている。ソーシャルゲームはダウンロード販売で価格は無料とするのが一般的だ。ビジネスとしてはゲーム内でアイテムやガチャなどを販売し、購入してもらうことで利益を得るビジネススタイルを取る。

つまり、ゲーム会社がゲーム内で直接課金アイテムを販売しなければ利益を得ることができない。

家庭用ゲーム会社は１００％完成されたゲームを制作、生産し、流通販売することに慣れている。この時、ゲーム会社はゲームを完成させるところまでが仕事になる。

しかし、ソーシャルゲームでの課金アイテムは実施されるイベントなどに合わせて課金商品ラインナップを随時変更し、ユーザーに販売していかなければ継続的な利益を得ることができない。これがしっかりと成功すれば、ロングランヒットとしてサービスが長く続いていくことになり、利益も上がっていく構造になっている。

つまり販売店や会社の営業がやっていた販売促進なども、全て開発チームと運営チームが行なわなければならないことに気づかなかった家庭用ゲーム会社は、ソーシャルゲームで失敗をすることになる。

誰でも気がつくようで、実はユーザーに対して課金商品をちゃんとセールスできていないソーシャルゲームは数多い。これはマスターアップをしてリリースすればその仕事は完了したことになる家庭用ゲーム会社の制作サイドが一番おちいる罠と言える。

この2点は家庭用ゲームとソーシャルゲームの違いを考察したときに、最初にチェックしたいことだ。ゲームが面白いのは当たり前で、その商品を誰にどうやって売っているのかの視点が抜けた時に、ソーシャルゲームは素早く失敗のらく印を押されることになる。

▼『ポケモンGO』とゲームの今後

この原稿を書いている最終段階の２０１６年7月22日に『ポケモンＧＯ』が日本でもリリースされた。先行してリリースされているアメリカでのヒートアップをニュースで追っていたこともあり、日本でも同様の人気を博すであろうことは予想できた。実際にプレイしてみると色々と気になる点が多いので、ソーシャルゲームの今後を予想する意味で、このタイトルについて考えていきたい。

まず、内容についてだが、ゲーム性は皆無と言って良いほどのあっさりした内容になっている。基本的に出てきたポケモンにポケボールを投げるだけの内容なので、ゲームとしては輪投げの域を出ていない。実際にユーザーがゲームプレイをするのはこの部分が大半で、ポケモンの強化や進化などはアイテムを揃えてタップするだけ。これだけ書くとどうにもならないゲームのように聞こえる。実際、これがポケモンでなければプレイする人は格段に少ないことは、基本システムを流用しているＩｎｇｒｅｓｓが日本でどれだけプレイされているかを見れば一目瞭然だ。

『ポケモンＧＯ』の魅力は実際にプレイするとわか

るが、ゲームプレイにないのではないかと感じる。

このゲームをプレイしているとき、プレイヤーはサトシになり、サトシが持っていなかったポケモンを探すデバイスとしてスマートフォンを利用する。サトシになったプレイヤーはポケモンを求めて歩き回り、見つけたポケモンをゲットすることになる。つまり、ゲームを通してポケモンの世界に入ることができるアプリが『ポケモンGO』というわけだ。『ポケモンGO』は位置情報ゲームにカテゴリ分けされているが、もしかしたら本物のRPGというのはこのゲームなのではないかと筆者は考えている。

RPGはRolePlayingGameの略で役割を演じることにある。元祖であるTRPG（テーブルトークRPG）では、プレイヤーは個々のキャラクターになりきって冒険をしていく。この意味からすれば、サトシの役割を演じてゲームをプレイするのだからRPGのほうがしっくりくる。

これまでのRPGは、レベルの概念があり、敵を倒して経験値を貰い、レベルアップすることで強くなっていく典型的なコンピューターRPGの枠を出ていない。その意味で真のRPG誕生の瞬間に立ち会っているのかもしれないという期待をもってプレイしている。

同時に、任天堂が持つコンテンツの強さを実感する。

任天堂はこれまでマリオをはじめとしてライセンスビジネスに積極的ではなかった。このポケモンGOをきっかけとしてライセンスビジネスに進出することになれば、違った状況が生まれる可能性は非常に高い。ライセンスビジネスでは、ディズニーなどが作品の世界観を壊すことなく莫大な利益を生み出している。任天堂がこれに習えば、クオリティが維持された別の商品が展開される可能性が高く、家庭用ゲーム機に固執する必要が無くなると思える。

最後に触れておきたいのは、『ポケモンGO』は新しい技術で作られていない点だ。このゲームを構成するポケモンの世界観、GPS、AR（拡張現実）の3点全てが、既存の技術を融合して作られている。これは故横井軍平氏が提唱していた企画論「枯れた技術の水平思考」を引き継いだ故岩田聡社長の意志が生きていることを感じさせる。

横井氏が述べる枯れた技術とは、広く使用されているためメリット、デメリットが明らかになっている旧来の技術を差し、これを新しい角度から物事を見るという水平思考と合わせることで新しい商品を生み出す企画論だった。『ポケモンGO』はこれにピッタリと一致する。

ゲームとして見た場合、現段階の『ポケモンGO』はソーシャルゲームとしても家庭用ゲームとしても、どちらにも足りていない。早い段階でユーザーが飽きるという指摘をしている人も多いが、アップデートが容易なダウンロードソフトは、今後大きく化ける可能性を秘めている。即急な決めつけは厳禁としたい。そして今後の展開に、ひとりのゲームユーザーとして期待している。

ゲームはスマートフォンの登場で新しい局面を迎えている。ファミコンが耕し、プレイステーションが種を蒔いて、Ｗｉｉが畑を広げ、ソーシャルゲームが広がった畑を耕している。この広がった畑に誰が種を蒔くのか。ゲーム市場の進歩はまだ止まらない。

著者……中村一朗（なかむら・いちろう）
東京出身、１９５７年生まれ。私立城北高校、武蔵工業大学（現·東京都市大学）工学部建築学科卒。建設業に従事しつつ、８０年代からＴＶゲームソフトの開発に参加。『リップルアイランド』（ファミコン）での企画コンセプト作成から、サードパーティのサン電子との契約を中心に、ＲＰＧの企画·シナリオに携わる。『弁慶外伝』シリーズ（ＰＣエンジン、スーパーファミコン）や『アウトライブ Be Eliminate Yesterday』（プレイステーション）等を共同開発。仲村建設（株）代表取締役及び同・一級建築士事務所管理建築士。９５年より、東京テクニカルカレッジ・ゲームプログラミング科で非常勤講師として企画系の講座を持つ。主な著書は「電脳遊戯の事件簿」（三交社）、「ファンタジーのつくり方」（彩流社）、「ＤＩＹ感覚で我が家をつくる」（彩流社）など。また、道楽者として国内ラリー歴３０年。どの分野でも、まだまだ現役！

著者……小林亜希彦（こばやし・あきひこ）
東京都福生市出身、1972 年生まれ。東京工科専門学校情報処理科卒。株式会社サン電子にプログラマーとして勤務したことを皮切りにゲーム業界に身を投じる。東京事業所に転勤後はプランナーやプロデュースの業務も担当。後に外注会社を中心に職を重ね、ゲーム制作に携わり続ける。99 年よりフリーランスとして活動開始。プログラマー、プランナーだけでなく、ディレクター、プロジェクトマネージャーとしても委託を受け、20 本以上のタイトル制作に今も関わっている。玩具の企画にも携わり、特にドール服に関しては個人で 100 を超える商品を企画から販売まで行なう。同 99 年、専門学校東京テクニカルカレッジ·ゲームプログラミング科の非常勤講師に就く。担当はゲームプログラム（C 言語）、チーム制作、ネットワーク技術、Linux など。現在は日本工学院八王子専門学校ゲームクリエイター科の非常勤講師としてチーム制作を中心にゲーム企画の授業を担当。主な作品として『アウトライブ Be Eliminate Yesterday』（プレイステーション）『宇宙戦艦ヤマト 2199 CosmoGuardian』（iOS/Android 向けアプリ）など。

装丁………佐々木正見
DTP 制作………ＲＥＮ

クリエイターのための
ゲーム「ハード」戦国史
「スパースインベーダー」から「ポケモン GO」まで

発行日❖ 2017 年 1 月 31 日　初版第 1 刷

著者
中村一朗　小林亜希彦

発行者
杉山尚次

発行所
株式会社言視舎
東京都千代田区富士見 2-2-2 〒 102-0071
電話 03-3234-5997　FAX 03-3234-5957
http://www. s-pn. jp/

印刷・製本
（株）厚徳社

ISBN978-4-86565-074-7 C0076